高等职业教育园林工程技术专业系列教材

园林工程
综合实训指导书

U0173539

主　编　张婷婷　王　燚　徐洪武
副主编　万孝军　邹华珍　丁万鑫　张　栋　易红仔
参　编　陈　宇　张松尔　吴立威　庞艳萍　周志强
　　　　周栩烩　艾　乔

机械工业出版社

本书是依据全国住房和城乡建设职业教育教学指导委员会对高等职业教育"园林工程技术专业"的教学基本要求、专业教育内容体系框架以及当前高等职业教育中有关职业院校课程开设的实际情况、社会对本行业领域的岗位知识技能需求而编写的。

本书通过 12 个项目——园林工程项目招投标、园林工程项目部组建、园林施工准备工作、园林地形施工、园林给水排水与电路工程施工、园林建筑与小品施工、园路铺装工程施工、假山塑山工程施工、水景工程施工、园林植物种植工程施工、园林工程验收和园林工程结算移交,对园林工程的基础内容进行了深入分析和讲解。同时通过大量的实例和图片案例让学生对园林工程施工有最直观的认识,让学生能够全面掌握施工的过程和技巧。在内容编写结构上,以知识能力与核心内容为主线,由浅入深,循序渐进,注重任务驱动与项目支撑、技术设计与主线引领,结合园林工程建设施工组织与管理的行业实践来选择实训项目,通过实训巩固所学知识,提高灵活运用的能力。

本书采纳了园林工程施工中的新规范、新材料、新工艺、新技术,将园林工程施工技术的先进理念、先进方法与园林工程项目相结合。

本书可作为高等职业教育园林工程技术、风景园林设计、环境艺术设计、室内设计、建筑设计等专业教材,也可用作相关部门专业技术人员自学参考书。

为方便教学,本书配有 PPT 电子课件及相关电子资源,凡选用本书作为授课教材的老师,均可登录 www.cmpedu.com,以教师身份免费注册下载。编辑咨询电话:010-88379373,机工社园林园艺专家 QQ 群:425764048。

图书在版编目(CIP)数据

园林工程综合实训指导书/张婷婷,王燚,徐洪武主编. —北京:机械工业出版社,2020.9
高等职业教育园林工程技术专业系列教材
ISBN 978-7-111-66405-5

Ⅰ.①园… Ⅱ.①张… ②王… ③徐… Ⅲ.①园林–工程施工–高等职业教育–教材 Ⅳ.①TU986.3

中国版本图书馆 CIP 数据核字(2020)第 160821 号

机械工业出版社(北京市百万庄大街 22 号 邮政编码 100037)
策划编辑:王靖辉 责任编辑:王靖辉
责任校对:赵 燕 封面设计:马精明
责任印制:常天培
北京虎彩文化传播有限公司印刷
2020 年 10 月第 1 版第 1 次印刷
184mm×260mm · 9.5 印张 · 232 千字
0001—1500 册
标准书号:ISBN 978-7-111-66405-5
定价:45.00 元

前　言

　　随着社会的进步和城市化进程的迅速发展，人们对于生态环境的要求越来越高，园林景观建设蓬勃发展，对于园林工程施工人员的要求也越来越高。本书根据高等职业教育的培养目标和要求，结合园林工程建设施工组织与管理的行业实践来选择实训项目，采纳了园林工程施工中的新规范、新材料、新工艺、新技术，将园林工程施工技术的先进理念、先进方法与园林工程项目相结合。

　　本书编者结合多年的教学和实践经验，进行了大量的资料整理总结。以园林工程实例的施工工作流程为主线，将园林工程的施工过程讲述清楚；通过对拟建园林工程项目的建设程序进行项目划分，使设计方案得以具体实施，从而锻炼、提高学生各项施工技能，达到实践教学的目的。

　　全书通过12个项目——园林工程项目招投标、园林工程项目部组建、园林施工准备工作、园林地形施工、园林给水排水与电路工程施工、园林建筑与小品施工、园路铺装工程施工、假山塑山工程施工、水景工程施工、园林植物种植工程施工、园林工程验收、园林工程结算移交，对园林工程的基础内容进行了深入分析和讲解。同时通过大量的实例和图片案例让学生对园林工程施工有最直观的认识，让学生能够全面掌握施工的过程和技巧。

　　本书项目1由易红仔编写，项目2、项目3由王燚、万孝军编写，项目4、项目8、项目10由张婷婷编写，项目5由张栋编写，项目6由徐洪武编写，项目7由王燚编写，项目9由丁万鑫编写，项目11、项目12由邹华珍编写。全书由张婷婷统稿，施惠校稿。

　　特别感谢陈宇、张松尔、吴立威、庞艳萍、周志强、周栩烩、艾乔对本书提供的项目案例和指导！

编　者

目 录

项目 1

园林工程项目招投标

任务 1　获取招标文件

一、实训目的

通过实训，使学生了解招标公告的发布及获取渠道，主要有公共资源交易网、报纸、招标代理单位网站、建设单位官网等，掌握招标公告的关键信息，掌握招标文件获取的方法。（本任务以主要的公共资源交易网为例。）

二、实训工具及材料

可上网的计算机。

三、实训内容及步骤

1. 实训内容

从公共资源交易网获取园林工程的招标文件。

2. 实训要点

1）掌握辨识招标公告内容的关键点。

2）学会从不同载体或平台获取招标文件。

3. 实训步骤

1）打开已联网计算机的浏览器，根据所想参与园林工程所属的地区或单位，打开该地区招投标网站（本任务以江西省抚州市公共资源交易网为例）或单位网站，如图1-1所示。

图1-1　抚州公共资源交易网截图

2）单击网站"招标公告"菜单导航按钮，打开招标公告专栏，如图1-2所示。

園林工程综合实训指导书

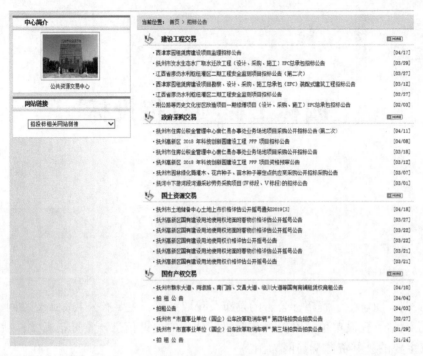

图 1-2 招标公告专栏导航图

3）园林工程属于建设工程大类，单击"建设工程交易"栏右侧的"more"按钮，打开所有建设工程项目的招标公告，如图 1-3 所示。按时间从近到远，逐条逐页查找园林工程项目的招标公告。若已知招标项目的名称，可用网站搜索功能快速查找。

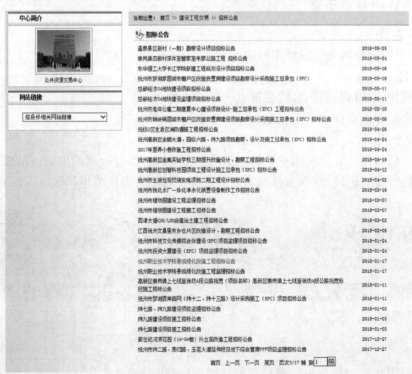

图 1-3 建设工程招标公告专栏导航图

4）单击打开所选的园林工程招标公告，查看公告的详细内容，并作分析、判断、决策。通过查看公告内容，快速锁定关键信息，并与公司的自身条件进行对比，判断公司是否符合参与此项目投标的条件，或是否满足公司选择项目的标准。其中的关键信息包括：项目建设地址、投资额、资金落实情况；投标人应具备的资质类别和等级、项目负责人的类别和等级、技术负责人的职称类别和等级、关键岗位人员配备情况等；同类业绩情况和其他特殊要求等；招标公告、招标文件、资格审查文件的发布（获取）时间、获取方式、获取地点等，如图1-4所示。

招标公告（信用承包商招标专用）

赣建抚招字〔2018〕第G005号

招标条件及工程基本情况					
招标单位名称	抚州市腾达投资经营有限公司				
招标工程项目名称	抚州职业技术学院景观绿化改造工程				
工程项目建设地址	抚州职业技术学院				
项目总投资	916.7867万元		本项目投资	916.7867万元	
批文名称及编号	抚发改社会字【2017】38号				
项目审批、核准或备案机关	抚州市发改委				
建筑面积	/平方米	层次	/	结构	/
审查方式	资格后审	资金已落实		100%	
招标范围及标段划分					
招标范围	工程量清单及施工图纸范围内的所有工程				
标段划分	一标段	抚州职业技术学院景观绿化改造工程			
	二标段				
投标（申请）人应具备的资格条件					
企业营业执照	经营范围应当符合招标要求				
企业资质类别和等级	〔市政公用工程（2015新标准）叁级〕（含）以上资质				
注册建造师类别和等级	市政公用工程贰级（或贰级）及以上				
安全生产许可证	在有效期内	标段选择		/	
资格审查时投标人应提供的业绩材料	/				
资格审查时应提供的证件或证书原件（建筑业企业资质证书为复印件）					
资格证件	企业营业执照、资质证书、安全生产许可证、抚州市政府投资房建市政公用工程信用承包商名录证书。				
法定代表人或委托代理人	法定代表人证书或委托代理人委托书，本人身份证（委托代理人；√由注册建造师担任；□由投标单位经营人员担任）。				
项目负责人	拟派建造师注册证书、本人身份证				
技术负责人	项目技术负责人的（中级或以上）职称证书				
关键岗位人员	拟派施工员、安全员、质量员、材料员、标准员、机械员、劳务员、资料员的岗位证书及本人身份证				
其他要求	本工程采用《抚州市政府投资房屋建筑和市政基础设施工程信用承包商名录》招标。				

图1-4 某工程招标公告部分示意图

5）经分析、决策，公司决定参与投标，即可按公告发布的招标文件获取方式和获取地点，获取招标文件（不同地区要求不同，请学习者根据当地实际情况完成规定要求，再获取招标文件）。在招标公告末尾下载相关附件，如图1-5所示。

相关附件：招标文件.doc
相关附件：资审文件.doc
相关附件：抚州职业技术学院景观绿化改造工程（要约价）.pdf
相关附件：抚州职业技术学院景观绿化改造工程控制价.pdf

图1-5　招标公告相关附件

四、实训作业

以电子资源1中的《招标公告——××绿化工程》为例完成以下实训作业。

对项目招标公告的关键信息进行逐条提取。要求每位同学单独完成本实训项目全过程。

五、实训小结

招标文件的获取是参与投标工作的首要环节，也是投标后续工作开展的前提。通过本次实训，学会识读招标公告的关键信息，并做出合理决定。不同地区或单位的招标公告发布媒介和招标文件获取方式受各因素的影响，存在较大差异，一般主要是报纸、招投标网站、电子交易系统、建设单位官网等。

六、实训评价

序号	考核项目	评价等级				等级分值			
		A	B	C	D	A	B	C	D
1	准确识读公告关键信息	优秀	良好	一般	较差	20	16	12	8
2	熟练操作整个信息获取流程	优秀	良好	一般	较差	70	60	50	40
3	实训态度积极，按时完成	优秀	良好	一般	较差	10	8	6	4
考核成绩（总分）									

七、实训拓展

1）根据教学资源情况，练习如何在报纸、公共资源电子交易系统等处获取招标文件，掌握其方法和注意事项。

2）实训老师可以组织学生参与或模拟校内的招投标工作。按招投标流程进行系列练习操作。

任务2　招标答疑

一、实训目的

通过实训，使学生学会识读招标文件内容，并识别出其中有歧义、错误、遗缺及违反相关规定的内容，或提出一些合理化的建议。掌握发出答疑申请的方法、对象和时间等。掌握答疑申请书写的内容和注意事项。掌握招标人做出的答疑与澄清的获取途径和时间要求。

二、实训工具及材料

笔、可上网的计算机、打印机、打印纸。

三、实训内容及步骤

1. 实训内容

对××绿化工程招标文件的答疑。（案例文件详见电子资源2）

2. 实训要点

1）识读招标文件，并做好疑问编录。

2）编制答疑申请，在规定期限内送达招标代理人或招标人。

3）获取回复答疑与澄清的文件。

3. 实训步骤

1）认真阅读已获取的招标文件。重点关注投标须知前附表等与资格文件、报价、格式、密封等相关的内容。

2）对招标文件中有歧义、错误、遗缺、前后矛盾及违反相关规定的内容和自己提出的有针对性的合理建议，逐项标记并编号摘录。

3）针对上述疑惑和建议，编制答疑申请。申请必须逐条列明问题在招标文件中的具体位置和对该问题的疑问点及意见。例如"在固化清单'云南师范大学学前教育实验示范中心——绿化景观'中措施项目未固化，请问该项综合单价我公司是否可以报0元？"

4）答疑申请落款，填写提出问题企业全称和申请时间，并加盖企业公章。

5）将答疑申请在招标文件规定的期限内（例如"投标人提出问题的截止时间：收到招标文件后7天内网上提出疑问。"），通过招标文件规定的方式（例如电子邮件）送达招标代理或招标人。

6）按招标文件规定的时间（例如"招标人书面澄清的时间：在投标截止日期15天前网上回复"）和地址（例如"招标人做出的答疑与澄清在××××公共资源交易网上进行"）获取答疑与澄清回复，如图1-6所示。

四、实训作业

1）每位同学单独识读招标文件，查找并编录问题点。

2）编写答疑申请，在实训老师规定的时间和地点上交。

3）在实训老师规定的时间和地点，领取答疑与澄清回复。

五、实训小结

答疑工作是招投标全过程的重要环节之一，对投标决策具有重要影响，是编制投标文件的重要依据之一。根据公司标准，掌握辨识招标文件内容，合理、恰当、准确地提出问题和建议。编写答疑申请应条理清晰，提出的问题与招标文件逐条对应，简单明了。准确把握问题提出的时间和递交地点，重点关注获取答疑与澄清的时间和地点。

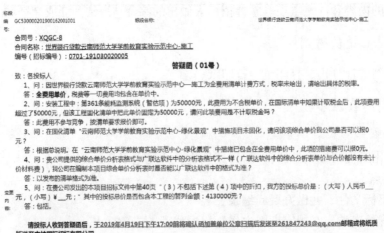

图 1-6　网上答疑回复截图

六、实训评价

序号	考核项目	评价等级				等级分值			
		A	B	C	D	A	B	C	D
1	准确识读招标文件内容	优秀	良好	一般	较差	30	25	20	15
2	编写答疑申请，并按规定递交	优秀	良好	一般	较差	40	35	30	25
3	按规定的时间和地点，及时获取答疑与澄清	优秀	良好	一般	较差	20	16	12	8
4	实训态度积极，按时完成	优秀	良好	一般	较差	10	8	6	4
考核成绩（总分）									

七、实训拓展

1）根据教学资源情况，练习运用公共资源电子交易系统进行疑问咨询和获取答疑文件。

2）根据教学资源情况，模拟现场踏勘答疑和招标答疑会。

任务 3　编制投标文件

一、实训目的

通过实训，使学生学会识读招标文件内容，并按招标文件规定编制一份完整合格的投标文件。掌握招标文件的关键信息及要求，特别是资信、造价、技术、文件格式等。学会编制资信标、技术标、商务标等。掌握投标文件的装订密封要求。

二、实训工具及材料

笔、计算机、打印机、打印纸、档案袋、双面胶等。

三、实训内容及步骤

1. 实训内容

编制××绿化工程的投标文件。（案例文件详见电子资源3、4）

2. 实训要点

1）识读招标文件，对涉及资信、造价、技术、文件格式等编制要求的关键信息做好标记。

2）注意按招标文件的规定格式、顺序编制投标文件。

3）注意投标文件的封装要求。

3. 实训步骤

1）认真阅读招标文件，特别是"第一部分——招标文件专用要约条款"，对涉及编制要求的关键信息做好标记。如工期、资质要求、建造师要求、应当提交的资格文件、投标文件份数、投标截止时间、投标文件的组成、投标保证金、密封方式、报价的方法、说明事项、投标文件格式及投标书附录要求响应的相关内容等。

2）归集预用于该项目投标的资质、建造师和岗位人员证书等资格文件的原件和扫描件。

3）按投标文件的组成要求，复制或重新编制出招标文件给定的投标文件内容格式，并按要求逐项进行编写。严禁改变规定的投标文件格式内容（字体、行间距等非实质要素除外）。

4）在确保工程质量目标、安全生产、施工工期等要求的前提下，结合自身技术水平、管理、经营状况，充分考虑市场环境和生产要素价格的变化及风险，对招标人发出的招标控制价及要约价进行认真的分析，做出满足要约条件的承诺报价。一般所报的承诺价应等于要约价，忌高于要约价，也不得低于成本价。

5）按招标文件规定的正副本份数要求，打印已编制好的投标文件，并分别装订成册。

6）按招标文件要求，对每册投标文件进行签章，严禁遗漏。

7）按招标文件要求，用档案袋和双面胶将签章无误的投标文件正副本封装。密封袋（档案袋）封面上应写明招标人名称和工程名称，并注明"开标时间前不得开封"，还应写明投标人的名称、地址、邮政编码。密封袋密封口由投标人密封，并在密封袋的所有骑缝处加盖单位公章和法定代表人或委托代理人的印章或签字。严禁遗漏所要求的任何一项。

四、实训作业

1）每位同学单独识读招标文件，对关键信息做好标记。

2）按规定的投标文件格式，编写一份投标文件。对于其中涉及的人员、证书信息等，可以按要求自己随意编制。

3）练习标书的密封操作，特别注意封面信息不要遗漏。

五、实训小结

编制投标文件是招投标全过程的关键环节，对工程能否中标具有决定性的影响。学会分析招标文件的内容要求，按要求编制投标文件，严禁改变规定的格式内容，严禁遗漏对招标文件的实质性响应。掌握投标文件的签章要求，严禁遗漏。掌握投标文件的编制方法和技巧。掌握投标文件的密封方法和注意事项。

六、实训评价

序号	考核项目	评 价 等 级				等 级 分 值			
		A	B	C	D	A	B	C	D
1	准确识读招标文件关键信息	优秀	良好	一般	较差	30	25	20	15
2	按要求正确编写投标文件	优秀	良好	一般	较差	50	45	40	35
3	正确熟练密封投标文件	优秀	良好	一般	较差	10	8	6	4
4	实训态度积极，按时完成	优秀	良好	一般	较差	10	8	6	4
考核成绩（总分）									

七、实训拓展

1）根据教学资源情况，练习运用专业投标文件编制软件来编写标书。

2）根据教学资源情况，结合所学"工程造价"知识和工程量清单，练习运用专业造价软件编制工程造价。

3）在实训老师或专业老师的指导下，练习编制某园林工程的施工组织设计。

任务4 工程开标、中标

一、实训目的

通过实训，使学生掌握工程开标的基本程序和注意事项。准确把握工程投标截止时间和开标会时间及地点等。按照招标文件要求，掌握开标会乙方必须到场的人员和必须携带的相关证件、证明等原件或复印件。掌握开标会后，中标公示信息的获取途径及如何领取中标通知书。

二、实训工具及材料

笔、可上网的计算机、档案袋等。

三、实训内容及步骤

1. 实训内容

参与××绿化工程开标，并领取中标通知书。（案例文件详见电子资源5）

2. 实训要点

1）注意投标截止时间和开标会时间及地点。

2）按招标文件要求，须确认参会人员，并携带齐全相关证件、证明等原件或复印件。

3）关注中标公示信息的发布和期限，领取中标通知书。

3. 实训步骤

1）查看招标文件规定的投标截止时间和开标会时间及地点，并提前通知建造师等必须参会人员（注意特别提醒相关人员携带身份证原件）。一般投标截止时间与开标会时间是同一时间。

2）按招标文件要求，再次核对原先归集的资质、建造师、岗位人员证书、证明等资格文件原件是否齐全。按招标文件要求，将所有资格文件原件装入档案袋，与投标文件放在一起。

3）建造师等必须参会人员携带已密封的投标文件和资格文件参加开标会。相关投标资料必须在规定的投标截止时间前，在规定的地点递交给规定的受理单位。同时到签到区进行投标签到，领取签到顺序号。

4）时间截止，开标会开始。招标会工作人员宣布实际签到投标人数量。

5）宣布开标会纪律和注意事项、简述评标办法、投标保证金的到账情况。

6）投标人代表检查投标文件密封情况，确定初选合格的投标单位。

7）现场读取初选投标单位建造师及关键岗位人员证件信息，查验资格审查文件及规定的其他相关原件。

8）开启初选投标人的投标文件，宣读报价，核实是否响应要约价，未响应的为无效标；将查验相关原件有效后的初选投标人的投标文件，全部送评标委员会评审。

9）宣布评审不合格的投标人名单。合格投标人按签到顺序，依次人工摸球产生随机编号，该编号即为初选投标人为抽取拟中标人的编号。

10）定取拟中标人。由招标人在经评标委员会最后评审合格的投标人中随机抽取1名拟中标人，评标委员会对随机抽取的拟中标人进行确认，宣布拟中标人名单，开标会结束。

11）关注招投标网站，单击"中标公示"菜单，获取项目的中标公示信息，如图1-7所示。

抚州职业技术学院景观绿化改造工程中标公示

来源：时间：2018-02-09 11:54:00　　　　　　　　字体：大 中 小

抚州职业技术学院景观绿化改造工程中标公示

项目编号	赣建抚招字〔2018〕第G005号	信息类别	市政工程
建设单位	抚州市腾达投资经营有限公司		
代理机构	江西银信工程造价咨询有限公司		
开标时间	2018年02月08日09：30	开标地点	抚州市公共资源交易中心
工程名称	抚州职业技术学院景观绿化改造工程		
建筑面积	/		
拟定中标人	江西毅鑫建设工程有限公司		
项目负责人	涂清宇		
中标价	8892830.99元		
总工期	100日历天		
公示期限	2018年02月09日	结　束	2018年02月13日
投诉受理	招投标管理机构		
投诉电话	0794-××××××		

图1-7　中标公示信息示意图

12）中标公示期结束后，按规定缴纳招标代理费，领取中标通知书。

四、实训作业

要求以班级为单位，分别成立招标单位（1人）、招标代理单位（3人）、交易中心（1人）、专家评委会（5人）、投标单位（若干人），模拟完成整个开标流程。

五、实训小结

工程开标工作也是招投标全过程的重要环节之一，是招标人评价、选择施工单位的关键工作。已密封的投标文件和资格文件，必须在规定的时间、地点，递交给规定的受理单位。规定的参会人员，必须按时到场，完成相关手续。开标会现场核验的建造师及关键岗位人员证件信息，资格审查文件及规定的其他相关原件，必须携带齐全，严禁遗漏。开标会后，可关注相应的招投标网站，获取中标公示信息。公示期结束，按要求缴纳交易费，领取中标通知书。

六、实训评价

序号	考核项目	评价等级				等级分值			
		A	B	C	D	A	B	C	D
1	按规定的时间和地点完成标书递交工作	优秀	良好	一般	较差	30	25	20	15
2	应参会人员全到场，相关资格证件等携带齐全，投标文件审查合格，没废标	优秀	良好	一般	较差	40	35	30	25
3	能熟练操作，获取中标公示信息及领取中标通知书	优秀	良好	一般	较差	20	16	12	8
4	实训态度积极，按时完成	优秀	良好	一般	较差	10	8	6	4
考核成绩（总分）									

七、实训拓展

1）根据学校的实际情况，练习运用公共资源电子交易系统递交投标文件和开标。

2）根据学校招标情况或与交易中心合作，由实训老师组织学生参与实际工程开标会，体验开标全过程。

任务5 签订施工合同

一、实训目的

通过实训，使学生掌握施工合同的签订流程，合同协商与签订的注意事项。掌握合同协议书、专用合同条款、工程质量保修书等重要信息条款的填写、复核及协商。

二、实训工具及材料

笔、计算机、打印机、打印纸等。

三、实训内容及步骤

1. 实训内容

签订××绿化工程施工合同，以《建设工程施工合同》（GF—2017—0201）为范本。（案例文件详见电子资源6）

2. 实训要点

1）按规定期限缴纳履约担保费或办理履约保函。

2）根据招投标文件，对合同中的工程范围、工期、质量、造价、工程变更、管理人员、付款、结算、奖惩、争议处理、验收、质保范围和质保期等信息条款的填写、复核及协商。

3）合同的签署、盖章及备案。

3. 实训步骤

1）领取中标通知书后，按规定期限办理规定额度的履约保函。例如"履约保函额度为合同价的10%。领取中标通知书后7日内提交四大国有银行出具的履约保函。"

2）下载《建设工程施工合同（示范文本）》（GF—2017—0201）。

3）认真阅读示范文本内容，标记需与招标投标人协商确定的内容条款。主要是专用条款和工程质量保修书中涉及工期延误、质量缺陷、造价调整、工程变更、拨款、结算、奖惩、争议处理、验收、质保范围和质保期等信息条款。

4）针对相应合同条款与招标人开展协商，以得到合法、合规且双方都认可的结果。

5）根据招标文件、投标文件、协商结果并结合本工程具体情况，逐项填写示范文本中的协议书、专用条款、工程质量保修书等内容。

6）按规定的合同文件份数，打印已协商且填写完毕的合同文件，并分别装订成册。

7）合同双方的签署、盖章。为保证严谨，双方都应加盖骑缝章。

8）已签订的施工合同，送建设行政主管部门备案，盖备案章。

9）可依招标文件规定，再次复核招标工程量清单（或者要约价），若其中出现缺项、工程量偏差，或者招标工程量清单（或要约价）任一项目的特征描述与招标施工图纸不符，中标人应在签订施工合同后一个月（3000万元以上项目两个月）内向招标人提出，双方按现行《建设工程工程量清单计价规范》和《××省建设工程计价管理办法》等有关规定进行调整，修正合同价，签订补充合同。

四、实训作业

1）2~4人为一小组，完成本实训项目的相关条款的标记与协商工作。

2）完整填写施工合同示范文本。

3）2人为一组，完成合同的签署、盖章。

五、实训小结

签订施工合同是招投标全过程的最后环节，是招投标双方期待的最终成果，也是施工项目开工建设的前提。施工合同订立的主要内容须与招投标文件相一致，如工程范围、工期、合同造价、施工管理人员等。签订施工合同后，招标人和中标人不得再行订立背离合同实质性内容的其他协议。中标人收到中标通知书后，应在 30 天内与招标人签订施工合同。合同签署、盖章后生效，有些地区还需备案。

六、实训评价

序号	考核项目	评价等级				等级分值			
		A	B	C	D	A	B	C	D
1	准确识读合同示范文本，并确定需协商的内容条款	优秀	良好	一般	较差	10	8	6	4
2	相关内容条款的协商，并取得一致的结果	优秀	良好	一般	较差	25	20	15	10
3	依招投标文件、协商结果并结合工程具体情况，快速准确填写合同示范文本	优秀	良好	一般	较差	45	40	35	30
4	合同的正确签署、盖章	优秀	良好	一般	较差	10	8	6	4
5	实训态度积极，按时完成	优秀	良好	一般	较差	10	8	6	4
考核成绩（总分）									

七、实训拓展

1）学生 4～6 人为一组，分别代表招标人（2～3 人）和中标人（2～3 人），模拟练习合同文件的起草、协商和签订工作。

2）根据学校招标情况或与企业合作，每次派 2～4 名学生参与实际合同起草、协商、签订的全过程。

项目 2

园林工程项目部组建

任务　组建工程项目部

一、实训目的

通过实训，使学生理解工程项目组织的基本原则和形式。熟悉项目经理部的组织机构、人员组成及主要工程职责。熟悉项目经理部的责、权、利；能够按照一般项目部组建方式完成中、小园林工程项目部的组建。

二、实训工具及材料

1. 实训工具

记录本、纸、笔、号牌、投影仪。

2. 实训材料

一份园林工程招标书。

三、实训内容及步骤

1. 实训内容——某园林工程项目部组建

某园林建筑和硬质铺装面积约 887m^2，绿地面积约 1500m^2，水体面积约 410.5m^2，以自然地形排水为主，工期 180 天，请根据该施工项目概况设置项目组织机构。

1）根据项目管理规划大纲确定项目经理部的管理项目和组织结构。

2）根据项目管理目标责任书进行目标分解与责任划分。

3）确定项目经理部的组织设置。

4）确定人员的职责、分工和权限。

5）制定工作制度、考核制度与奖惩制度。

2. 实训步骤

（1）确定组织机构　项目经理部是一次性的施工生产临时组织机构，项目是一次性的成本管理中心，项目经理是一次性的授权管理者。

项目经理部是公司组织设置的项目管理机构，承担项目实施的管理任务和目标实现的全面责任，根据承包合同和业主的要求，在工程开工前由公司发文设立，并任命项目班子成员，在项目竣工验收、审计完成后解体或进入到另一个项目当中。

1）项目部主要职责和权限：

① 贯彻执行国家、地方以及行业有关法律、法规、标准和规范；

② 执行企业项目管理制度和规定；

③ 有效管理项目团队，组织各种资源，实现项目目标；

④ 完成项目管理目标责任书规定的各项工作；

⑤ 及时报告项目管理情况，接受企业管理层的监督和考核。

2）项目部组织机构。根据所建设园林工程项目的规模，组建符合工程需要的组织机构，建立健全各项规章制度，确保工程项目能够顺利完成。

园林工程项目部一般由项目经理、技术负责人、项目总监组成管理层，下面根据工程需要设置相应的职能部门。一般的园林工程项目部组织机构如图2-1所示。

（2）确定项目部各成员的职责

1）项目经理的岗位职责。项目经理在公司的领导下，受总经理委托，代表公司履行对外工程承包合同，对本工程项目的实施负全面责任，确保公司质量、环境、职业健康与安全等综合管理方针、目标的实现。

2）项目技术负责人的岗位职责。在有些项目部中，项目技术负责人又称项目总工，若项目不设项目总监，那么项目总工同时担任技术和监督工作。项目技术负责人接受项目经理的

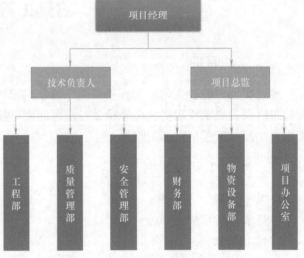

图 2-1　园林工程项目部组织机构图

领导和安排，配合项目经理完成各项事务，主管工程施工质量，指导并监督工地施工的工作。

3）项目总监的岗位职责。根据已定的各中心桩和轴线桩，将设计图纸上的园路、广场、水池及其他构筑物等的中心线及纵横轴线在地面定下来。定线的方法是在中心线、轴线的延长端加设木桩作为端点控制桩，控制桩与中心桩、轴线桩之间的连线，就是地面上的中心线或轴线，轴线控制桩采用龙门桩。

4）施工员的岗位职责。

① 在项目经理的领导下，对主管的分部分项工程施工进度和质量负责；

② 参加编制与贯彻单位工程的施工组织设计，制定单位工程施工方案，认真熟悉施工图纸、技术规程和工艺标准；

③ 负责抓好施工前的准备工作，协调各工种之间的配合，合理组织、计划安排，及时协助班组长解决存在的问题；

④ 制定每天的施工计划。协同质量检查员检查班组长对当天施工的各项工程质量措施的落实情况，坚持逐日认真填写施工日记；

⑤ 组织施工人员学习规范标准，并检查施工技术措施的落实情况及苗木、建筑材料、

构配件、半成品的质量控制情况；

⑥ 管理施工图纸和设计变更，负责现场签证；

⑦ 组织现场工序交接和工程成品（半成品）保护；

⑧ 组织隐蔽工程验收；

⑨ 及时收集、传递施工信息，及时解决施工中存在的问题；

⑩ 及时落实监理的指令，及时填写申报单和监理验收的签证。

5）质量检查员岗位职责。

① 熟悉图纸，了解设计要求，熟悉施工规范、技术规程，熟悉质量标准；

② 参加图纸会审、施工组织设计审查、施工技术措施和质量要求的交底；

③ 做好进场材料的复检工作。制止使用不合格的原材料、半成品行为，制止安装无出厂合格证的机械设备的行为；

④ 在施工班组自检并提出自检记录的基础上配合工序、中间交接和交工验收，认真进行检查签证；

⑤ 参加工程交工验收，参加质量等级评定；

⑥ 参加质量事故分析、坚持事故处理"四不放过"的原则，对质量事故进行分析处理；

⑦ 记好质量检查工作日记，发现质量事故的苗头，及时向有关领导和部门反映以便采取措施及时预防；

⑧ 协助公司推行全面质量管理，开展创优活动。

6）安全员岗位职责。

① 指导项目生产班组开展安全工作；

② 负责分包方安全生产、文明施工的监督管理工作，检查安全规章制度的执行情况，对进场工人进行三级教育、特殊工种培训、考核工作，并及时做好安全记录；

③ 检查并指导项目部安全资料的填写；

④ 负责监督检查项目安全技术措施方案及安全技术交底的落实情况；

⑤ 深入现场每道工序，掌握重点安全部位的情况，检查各种防护设施，制止违章指挥、冒险蛮干行为，执罚要以理服人，坚持原则，秉公办事；

⑥ 定期对施工现场的安全进行检查，做好检查记录，负责组织项目部有关人员进行安全自检评定，并督促项目部限期整改安全问题，发现安全隐患及时制止；

⑦ 督促项目部有关人员按规定及时分发和正确使用个人防护用具、保健食品和清凉饮料；

⑧ 组织现场特殊设施（如塔式起重机、外用电梯、外爬架）的验收，并建立特殊工种台账；

⑨ 发生工伤事故，要保护好现场，及时上报公司领导，参与工伤事故的调查，不隐瞒事故情节，如实地向有关领导汇报情况。

7）材料员岗位职责。

① 深入现场了解情况，根据施工现场生产项目需要，做好料具采购、运输供应工作；

② 熟悉各种材料的规格和验收标准，进场材料除应有产品说明书或材料合格证外，还必须对原材料进行试验，否则禁止使用；

③ 实行定额储备、计划用料。按施工平面堆放材料，加强对现场材料的管理和使用；

④ 掌握施工进度，做好材料的分批采购，进场工作每月用书面形式向队部汇报材料的储备情况。

⑤ 及时掌握市场信息，搞好成本核算，提高经济效益；

8）预算员的岗位职责。

① 负责组织对分、承包方合同签订前的评审工作，参与相关的公司组织的合同评审工作；

② 负责项目经营合同管理，包括对分、承包方，专业分公司以及其他零星聘用合同的管理工作；

③ 参与分、承包合同履约中的协调与结算管理；

④ 做好工作预算、决算及项目成本管理工作；

⑤ 负责向业主、监理申报清款单及分包付款单工作；

⑥ 负责计划与统计报量工作。

四、实训作业

6～8人为一小组，完成本实训项目的园林工程项目部组建工作。

五、实训小结

项目经理部是组织设置的项目管理机构，承担项目实施的管理工作和目标实现的全面责任。项目经理部由项目经理领导，接受组织职能部门的指导、监督、检查、服务和考核，并负责对项目资源进行合理使用和动态管理。

不同的组织形式决定了项目经理部对其管理力量和管理职责不同的管理方式。项目经理部的组织结构应根据项目的规模、结构、复杂程度、专业特点、人员素质和地域范围确定。

六、实训评价

序号	考核项目	评价标准				等级分值			
		A	B	C	D	A	B	C	D
1	项目经理选聘合理	优秀	良好	一般	较差	10	8	6	4
2	项目部组织机构完整	优秀	良好	一般	较差	70	60	50	40
3	项目部各项职责明确	优秀	良好	一般	较差	10	8	6	4
4	实训态度积极，按时完成	优秀	良好	一般	较差	10	8	6	4
考核成绩（总分）									

七、实训拓展

根据教学实际情况选择适当园林工程项目，按照建设规模进行扩展训练。

项目 3

园林施工准备工作

任务1 图 纸 会 审

一、实训目的

通过实训使学生理解图纸会审的流程、会审的要点及图纸质量要求，能够对一般园林工程施工图纸进行审核，优化设计，具备对一般园林工程施工图纸审核的能力。

二、实训工具及材料

1. 实训工具

记录笔、直尺、量角器、三角板、比例尺等。

2. 实训材料

一套完整的园林工程施工图纸及图纸会审记录表（图3-1，案例文件详见电子资源7）。

三、实训内容及步骤

1. 实训内容

对一套完整的园林工程图纸进行会审。

图纸会审是指工程各参建单位（建设单位、监理单位、施工单位等相关单位）在收到施工图审查机构审查合格的施工图设计文件后，在设计交底前进行全面细致的熟悉和审查施工图纸的活动。各单位相关人员应熟悉工程设计文件，并应参加建设单位主持的图纸会审会议，建设单位应及时主持召开图纸会审会议，组织监理单位、施工单位等相关人员进行图纸会审，并整理成会审问题清单，由建设单位在设计交底前约定的时间内提交设计单位。图纸会审由施工单位整理会议纪要，与会各方会签。

2. 实训步骤

业主或监理方主持人发言→设计方图纸交底→施工方、监理方代表提问题→逐条研究→形成会审记录文件→签字、盖章后生效。

（1）设计方图纸交底 由设计单位向各施工单位（土建施工单位与各设备专业施工单位）、监理单位以及建设单位进行交底，主要交代园林建设项目的功能与特点、设计意图与施工过程控制要求等。

（2）施工方、监理方代表提问题 针对图纸中不明确的地方，建设方与监理方提出问

图纸会审记录

编号:

工程名称			时间		年 月 日
地点			专业名称		
序号	图号	图纸问题	会审(设计交底)意见		
1					
2					
3					
4					
5					
6					
7					
8					
9					
10					
11					
12					
施工单位	施工单位): 项目负责人: 日期:	建设监理单位	监理审核意见: 监理工程师: 日期:	设计单位	专业设计人员: 项目负责人: 日期:	建设单位	建设单位: 项目负责人: 日期:

图 3-1 图纸会审记录表

题,并由设计方进行解释说明。

（3）逐条研究　各单位针对问题进行研究与协调,制订解决办法。

（4）形成会审记录文件　记录会审记录表,并由各方签字认可。

3. 设计交底与图纸会审的重点

1）熟悉拟建工程的功能。

2）熟悉、审查工程平面尺寸。

3）熟悉、审查工程立面尺寸。

4）检查施工图中容易出错的地方有无出错。

5）审查原施工图有无可改进的地方,主要从有利于该工程的施工、有利于保证园林工程质量、有利于工程美观三个方面对原施工图提出改进意见。

四、实训作业

由指导老师组织,提供实训材料,作为设计方,学生每组由 2 人组成建设方,2~3 人组成施工方,2 人组成监理方,完成本实训项目的图纸会审内容。

五、实训小结

图纸会审是园林工程项目建设的关键环节，掌握图纸会审的内容与方法能够大大节约建设时间与成本，为学生将来的就业提供良好的技能储备。

六、实训评价

序号	考核项目	评价标准				等级分值			
		A	B	C	D	A	B	C	D
1	图纸会审程序正确完整	优秀	良好	一般	较差	20	16	12	8
2	提出问题合理，解决方法有效	优秀	良好	一般	较差	40	35	30	25
3	会审记录完整	优秀	良好	一般	较差	30	25	20	15
4	实训态度积极，按时完成	优秀	良好	一般	较差	10	8	6	4
考核成绩（总分）									

七、实训拓展

根据教学实际情况进行图纸会审训练。

任务 2　施工组织设计

一、实训目的

通过实训使学生熟悉施工组织设计的概念及要求，掌握一般园林工程施工组织设计的编制方法，使学生能够绘制园林工程施工进度图，并编制园林单项工程施工组织设计。

二、实训工具及材料

1. 实训工具
绘图纸、铅笔、橡皮、直尺、计算机及相关软件。

2. 实训材料
一份园林招标文件及相应的投标书，工程项目组织机构方案。

三、实训内容及步骤

1. 实训内容
本实训内容为完成一份园林工程施工组织设计文件，详见电子资源8。

施工组织设计编制程序如下：

编制前准备工作→确定施工目标→确定施工方案→编制施工进度计划→编制施工质量计划→编制施工成本计划→编制资源配置计划→制定施工组织设计保证措施→绘出施工平面布置图。

2. 实训步骤

（1）编制前准备工作

1）审核园林工程施工图纸，找出疑难问题，并按分部分项工程予以记录。

2）现场踏勘，核实施工图纸与场地现状是否相符。

3）图纸会审，领会设计意图，解决图纸疑问。

（2）确定施工目标　根据合同约定，了解本单位施工技术和管理水平，确定合理的施工目标。

（3）确定施工方案　拟定施工方法及施工措施，进行技术经济分析比较，选择最优施工方案。

（4）编制施工进度计划

1）确定施工起点流向，划分施工段和施工层。

2）分解施工过程，确定施工顺序。

3）选择施工方法和施工机械。

4）计算工程量，确定机械台班数量、劳动力数量及分配方案。

5）计算各分项工程持续时间，确定各项流水参数。

6）绘制施工横道图或网络图（详见电子资源9）。

7）按项目进度控制目标要求调整和优化施工计划。

（5）编制施工质量计划

1）建立施工质量认证体系。

2）明确工程设计质量要求。

3）确定施工质量控制目标，并逐级分解。

4）明确施工质量特点及其控制重点。

5）制定施工质量控制点及实施细则，包括建筑材料、绿化材料、拟投入的机械设备设施，制定质量检查办法、分部分项工程质量控制措施、施工质量控制点的跟踪监控办法等。

（6）编制施工成本计划

1）优选材料、设备质量和价格。

2）优化工期和成本，减少赶工费。

3）跟踪监控计划成本与实际成本差额，分析产生原因，予以纠正。

4）全面履行合同，减少建设单位索赔机会。

5）健全工程成本控制组织，落实控制者的责任。

6）施工成本控制目标的实现。

（7）编制资源配置计划　施工资源配置计划包括：劳动力计划、机械设备计划、材料及构配件计划。

（8）制定施工组织设计保证措施　施工质量、工期及进度、职业健康及安全、文明施工与环境保护等均应制定其相应的保证措施，保证措施的制定一般从组织、技术、经济及合同等几个方面进行。

（9）绘出施工平面布置图（详见电子资源10）　将前述平面布置图的内容，逐一绘制在施工总平面图上。平面布置图比例一般采用1/500～1/200。

四、实训作业

4～6 人为一小组，完成本实训项目的施工组织设计编制。

五、实训小结

施工组织设计的编制，不仅要考虑技术上的需要，还要考虑履行合同的需要，应编成一份集技术、经济、管理、合同于一体的项目管理规划性文件、合同履行的指导性文件、工程结算和索赔的依据性文件。

六、实训评价

序号	考核项目	评价标准				等级分值			
		A	B	C	D	A	B	C	D
1	施工组织设计材料准备完整、有序	优秀	良好	一般	较差	10	8	6	4
2	施工目标合理	优秀	良好	一般	较差	5	4	3	2
3	施工方案科学、优秀	优秀	良好	一般	较差	10	8	6	4
4	施工进度计划科学合理	优秀	良好	一般	较差	20	17	14	11
5	质量计划控制有效	优秀	良好	一般	较差	20	18	16	14
6	施工成本控制合理	优秀	良好	一般	较差	10	8	6	4
7	资源配置合理	优秀	良好	一般	较差	15	13	11	9
8	组织设计齐全	优秀	良好	一般	较差	10	8	6	4
考核成绩（总分）									

七、实训拓展

根据教学实际情况选择适合的园林工程项目进行进一步提高训练。

项目 4

园林地形施工

任务1　场地定位放线

一、实训目的

通过该实训，使学生能够准确进行自然场地、山体和水体的施工放线。

二、实训工具及材料

1. 实训工具

锄头、铲。

2. 实训材料

石灰、线、竹子、木桩、皮尺等。

三、实训内容及步骤

1. 实训内容

施工放样是在施工现场清理之后，为了确定施工范围及挖土或填土的标高，按设计图纸的要求，用测量仪器在施工现场进行定点放线的工作。即把图纸上的设计方案"搬"到实际现场的过程，这一步工作很重要，为使施工充分表达设计意图，测设时应尽量精确。

自然地形的放线是整个放样过程的重中之重，是整个园林工程的骨架，直接影响着外部空间的美学特征、空间感、视野、小气候等，是其他要素的基底和依托。硬景的园路、景观小品放样必须与地形放样有效承接、相互依托，充分表达设计所要表达的意图。为能精确地按图施工，在塑造地形放样时，一般采用方格网方法（以下简称方格网法）进行定位。

2. 实训步骤

由施工小组采用方格网法对自然场地进行定点放线。

1）在附有等高线的施工图上设置方格网。

2）用经纬仪或红外线全站仪将方格网测设到地面上，并用白灰放出方格网。

3）依次把设计地形等高线和方格网的交点标到地面上，并在每个交点处立桩木。

4）桩木上标出桩号、原地形标高、设计标高和施工标高。用"＋"号表示挖土，"－"

号表示填土。

5）用白灰将方格网与等高线的交点依次光滑连接，如图4-1所示。

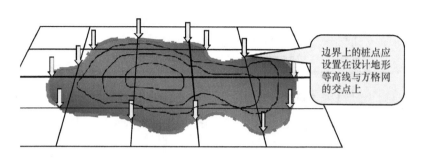

图4-1　方格网法定点放线

四、实训要点

（1）山体放线

1）一次性立桩：适用于高度≤5m的浅坡地形，由于堆山时土层不断升高，故桩木的长度应大于每层填土的高度。

此法采用长竹竿做标高桩，在桩上把每层的标高定好，不同标高层可采用不同的颜色进行标识，如图4-2所示。

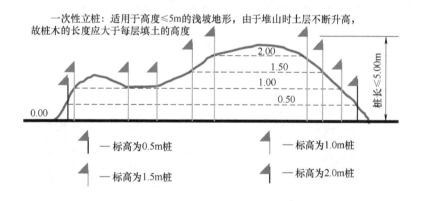

图4-2　一次性立桩

2）分层立桩：适用较高山体放线。按标高层次放线，然后分层次设置标高桩。需注意：桩号标记应严格按照等高线标高进行单层确定，桩色标记也同样如此；平面上需注意地形等高线与方格网上每个相交点的具体位置，然后进行标注，如图4-3所示。

（2）水体放线

1）由于水体的挖深基本一致，并且池底常年隐没于水下，所以放线可以粗放些。

2）园林水体底部应尽可能平整，不留土堆（墩），这有利于养（捕）鱼。

3）考虑水生植物的栽植条件，水深需慎重设置。

4）驳岸线与岸体的放线应准确、充分考虑造景设计要求和水体岸坡的稳定。为了施工

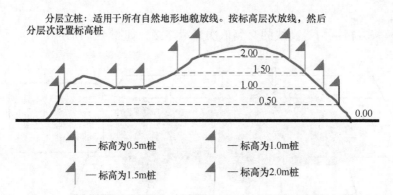

分层立桩：适用于所有自然地形地貌放线。按标高层次放线，然后分层次设置标高桩

标高为0.5m桩 标高为1.0m桩

标高为1.5m桩 标高为2.0m桩

图4-3　分层立桩

精准，可以采用边坡样板来控制边坡坡度，如图4-4所示。

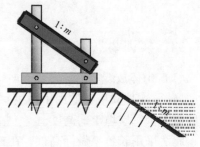

图4-4　边坡样板

五、实训作业

6~8人为一组，根据设计图纸在实训场地内进行放样训练。要求学生正确识读园林施工图纸，根据现场情况进行图纸分析和调整，熟练使用放样工具，提高放线的准确性，如图4-5~图4-7所示（详见电子资源11）。

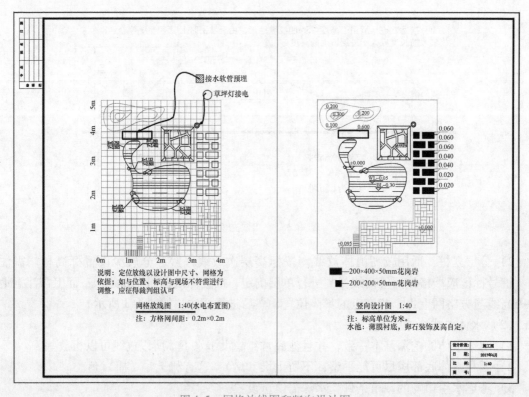

图4-5　网格放线图和竖向设计图

图4-6 放样（一）

图4-7 放样（二）

六、实训评价

序号	考核项目	评价标准				等级分值			
		A	B	C	D	A	B	C	D
1	方格网放线	优秀	良好	一般	较差	40	35	30	25
2	山体放线	优秀	良好	一般	较差	30	25	20	15
3	水体放线	优秀	良好	一般	较差	20	16	12	8
4	实训态度积极，按时完成	优秀	良好	一般	较差	10	8	6	4
考核成绩（总分）									

任务2 土方施工

一、实训目的

通过该实训，使学生能进行一般土方工程的施工与组织管理工作，掌握正确的填挖方施工工序和质量要求，学会合理组织运土路线。

二、实训工具及材料

1. 实训工具

铁锹、手锤、手推车、梯子、撬棍、钢尺、坡度尺、小线等。

2. 实训材料

白灰。

三、实训内容及步骤

1. 实训内容

任何建筑物、构筑物、道路及广场等工程的修建，都要在地面上做一定的基础，挖掘基坑、路槽等，这些工程都是从土方工程施工开始的。土方工程施工主要包括挖、运、填、压 4 个步骤。

（1）土方的挖方　人力施工适用于一般园林建筑、构筑物的基坑（槽）和管沟以及小溪流、假植沟、带状种植沟和小范围整地的人工挖方工程。施工者每一个人有 4~6m² 的工作面。若前后两人挖方，则操作间距应≥2.5m。必须垂直下挖，逐层进行，严禁先挖坡脚。在坡顶施工时，须注意坡下情况，不得向坡下滚落重物，如图 4-8 和图 4-9 所示。

图 4-8　土方挖方（一）

图 4-9　土方挖方（二）

（2）土方的运输　一般按照就近挖方或就近填方的原则，力求土方就地平衡以减少土方的搬运量，土方的运输以环形路线为宜，如图 4-10 所示。搬运方式有用人力车拉、用手推车推等。运输距离较长或工程量大时使用机械运输。机械运输工具主要是装载机和汽车。

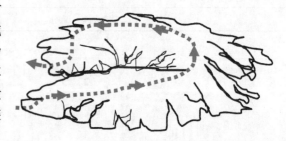

图 4-10　土方的运输路线

（3）土方的填方　填方应根据地面的用途和要求选择合适的土质和施工方法。如在绿化地段的用土，应满足植物栽植要求；建筑用地的土壤则要求地基稳定。回填土前应先清除基底积水和杂物，基底为含水量很大的松软土时，应采取排水疏干或换土等措施。自下而上地分层铺填，每层应先虚铺一层土，然后夯实。人工夯实时，砂质土虚铺的厚度不应大于 30cm，黏土不应大于 20cm，如图 4-11 所示。

（4）土方压实　人工打夯应按一定方向进行，一夯压半夯，夯夯相接，行行相连，两遍纵横交叉，分层夯打。打夯路线应由四边开始，然后再夯中间，如图 4-12 所示。

2. 实训步骤

1）人工挖土方施工流程：确定开挖的顺序和坡度→沿灰线切出槽边轮廓线→分层开挖→整修槽边→清底。

2）人工填土方施工流程：基底地坪的清整→检查土质→分层铺土、耙平→分层夯实→

检验密实度→修整、找平、验收。

图 4-11　土方的填方

图 4-12　人工打夯

四、实训要点

1) 注意挖方合理边坡，严格控制在各类土壤自然倾斜角范围内进行挖方。需垂直下挖者，松软土方开挖深度不得超过 0.7m；中等密度土壤不得超过 1.25m；坚硬土壤不得超过 2.0m。若超过上述高度，须设置支撑板或保留符合规定的边坡值。

2) 挖土应由上而下，逐层进行，严禁先挖坡脚（挖吊脚）土方、逆坡挖方。为防止新填土滑落，在斜坡上填土应先把土坡挖成台阶状，然后再填方。

3) 填土应预留一定的下沉高度，以备在行车、堆重物或干湿交替等自然因素作用下，土体自身的沉落密实。

4) 对有密实度要求的填方，在压实或夯实后，对每层回填土的质量进行密实度检验，一般可采用"环刀切土法"或"现场挖标准坑取土法"来求其重量。

5) 含水量过大，达不到密实度要求的土层，可以采用翻松、晾晒、风干或均匀掺入干土和其他吸水材料后重新压（夯）实的方法；含水量过小，达不到密实度要求的土层，应预先洒水湿润后再进行压（夯）实。

6) 压实工作必须分层进行，有条件者应层层压实；压实工作需注意均匀进行；压实松土时应先轻后重；压实工作应自边缘开始逐渐向中间收拢，否则边缘土方外挤易造成坍塌。

五、实训作业

1) 6~8 人为一小组，完成本实训项目的相关工作（详见电子资源12）。

2) 每人写出一份土方工程实训报告。

六、实训小结

土方工程是园林工程中的基础工程，工程量大，工期长，其工程质量的好坏直接影响其他景观的设置，因此，土方工程施工时应做到：施工计划合理，施工组织得当，土方尽可能平衡，施工过程正确。

七、实训评价

序号	考核项目	评价标准				等级分值			
		A	B	C	D	A	B	C	D
1	放线完整、精确	优秀	良好	一般	较差	10	8	6	4
2	施工过程完整，步骤正确，严格按照施工规范进行	优秀	良好	一般	较差	25	20	15	10
3	计算准确、绘图完整	优秀	良好	一般	较差	45	40	35	30
4	完全体现设计意图	优秀	良好	一般	较差	10	8	6	4
5	实训态度积极，按时完成	优秀	良好	一般	较差	10	8	6	4
考核成绩（总分）									

八、实训拓展（见表4-1和表4-2）

表4-1　土方开挖工程质量检验标准

项　目	允许偏差/mm	检验方法
标高	+0；-50	用水准仪检查
长度、宽度	-0	用经纬仪、拉线和尺量检查
边坡偏差	不允许	观察或用坡度尺检查

表4-2　回填土工程允许偏差

项　目	允许偏差/mm	检验方法
顶面标高	+0；-50	用水准仪或拉线尺检查
表面平整度	20	用2m靠尺或楔形尺量检查

任务3　地形整理

一、实训目的

通过该项实训，使学生掌握地形设计的方法，能进行园林地形模型设计及制作工作。

二、实训工具及材料

1. 实训工具

小刀、尺子、切割机、铅笔、曲线板等。

2. 实训材料

陶土、木材、塑料泡沫、橡皮泥、塑料制品、玻璃、金属、纸板、黏土、油泥和绿地粉黏结剂等。

三、实训内容及步骤

1. 实训内容

地形竖向设计是整理地形骨架的一项重要内容。山、水、峰、峦、坡、谷、河、湖、泉、瀑等的形成，都必须依赖于坡度的控制和高程的确定来完成，如图4-13所示（详见电子资源13）。

1）景观地形塑造的观赏面，也依赖于竖向设计而形成。

2）利用等高线设计竖向，是自然式造园的一个主要方法。一般来说，等高线密者，坡陡；等高线稀疏者，坡缓。

3）利用方格网法与断面法设计竖向，是规则式造园的主要手段。

4）利用地形造园，需遵循"少填多挖、宜山则山、宜水则水"的原则。切忌切割地形等高线布置建筑物，如图4-14所示。

图4-13　地形竖向设计

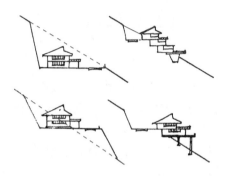

图4-14　利用地形造园

2. 实训步骤

（1）准备材料　常用的材料主要有塑料制品、玻璃、木材、金属、纸板、黏土、油泥和绿地粉黏结剂等。

（2）制作底盘　通常用木质板材（如轻型板、三合板、多层板）或塑料板材按模型的大小切割成型（一般为矩形），作为整个模型的支撑或基础，如图4-15～图4-17所示。

选用的底盘材料应保证需要的强度和整体性，当底盘尺寸较大时，则需在底板下用木方（木龙骨）进行加固。

图4-15　制作底盘（一）

图4-16　制作底盘（二）

图4-17　制作底盘（三）

（3）切割板材 将板材（吹塑纸、泡沫板、厚纸板、软木或其他板材）按每条等高线的形状大小模印刷后切割裁剪，并顺序编号，如图 4-18 所示。

图 4-18 电脑切割机

（4）固定板材 由下向上按图纸用黏结剂逐层黏叠固定。单层板材厚度不足等高距尺寸时，可增加板材层数或配合使用不同厚度的板材。

（5）加工修饰地表

1）在板材间黏结牢固并经修整后，用橡皮泥在上面均匀敷抹，按设计意图捏出皱纹，使其形象、自然。

2）用黏土填充各相邻等高面板材间台阶状空隙使之成斜坡，并敷抹成型；待黏土干燥后用胶水或白乳胶均匀涂刷。

3）最后选用适宜色调的绿地粉拌和铺撒。如表示水面则用刷喷蓝色油漆或粘贴蓝色即时贴等方法，如图 4-19 和图 4-20 所示。

图 4-19 加工修饰地表

图 4-20 最终成品

四、实训作业

2~4 人为一小组，完成设计制作园林地形模型，并绘出竖向设计图和断面图，写出设计说明，如图 4-21 所示。

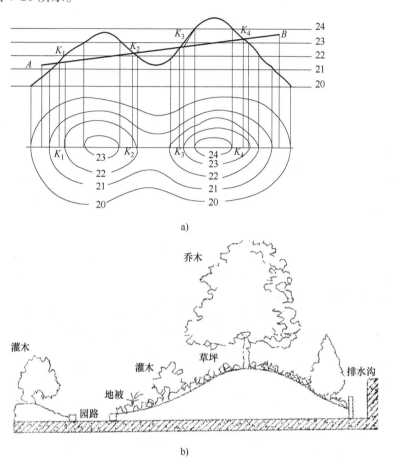

图 4-21　地形塑造与绿化种植标准做法
a）竖向设计图　b）断面图

五、实训小结

模型法是将设计的地形地貌实体形象按一定比例缩小，用特殊的材料和工具进行加工制作的方法。其优点是直观、具体、一目了然；缺点是制作费工费时，且投资较多。

六、实训评价

序号	考核项目	评价标准				等级分值			
		A	B	C	D	A	B	C	D
1	等高线绘制符合制图规范	优秀	良好	一般	较差	10	9	8	7
2	自然地形流畅、与周围要素融合一致	优秀	良好	一般	较差	20	16	12	8

（续）

序号	考核项目	评价标准				等级分值			
		A	B	C	D	A	B	C	D
3	计算准确、绘图完整、地形坡度小于自然倾斜角	优秀	良好	一般	较差	10	9	8	7
4	断面图与平面图对应一致、规范、效果表达好	优秀	良好	一般	较差	20	16	12	8
5	模型制作比例尺度合适、与平断面对应一致、做工好	优秀	良好	一般	较差	20	16	12	8
6	最终结果完全体现设计意图	优秀	良好	一般	较差	10	9	8	7
7	实训态度积极，按时完成	优秀	良好	一般	较差	10	9	8	7
考核成绩（总分）									

七、实训拓展（见表4-3）

表4-3　土方工程仿真教学子系统

土方工程仿真教学子系统		
模块名称	模块编号	主要内容
地形改造	ZLYL5、01	本模块主要从地形施工前准备（场地平整、排水、定点放线）、土方挖掘（分为人工和机械）、土方填筑三大方面通过虚拟场景技术实现仿真施工操作，使学生"身临其境"，掌握整个地形改造过程

项目 5

园林给水排水与电路工程施工

任务 1 给水排水及管道铺设

一、实训目的

本实训为综合实训，通过理论学习与实际操作使学生熟悉并掌握园林给水排水工程施工的施工程序与操作技术要点。

二、实训工具及材料

1. 实训工具

测量仪器、木桩、皮尺、钢尺、工程线、白灰、铁锤、手持式熔接器等。

2. 实训材料

适当规格的管材、管件、黏结剂等。

三、实训内容及步骤

1. 实训内容

某公园建设工程——给水及灌溉工程施工。

2. 实训说明

1）本设计是根据主体地坪标高及平面布置图设计的。

2）图中定位尺寸、管径均以毫米计，标高以米计，给水管标高指管中心标高。

3）管材：采用 UPVC 管材、阀门及配件，管道采用专用连接件连接，工作压力 0.35MPa。

4）承压管道的管材、阀门、管件的选择及施工连接技术均以工作压力 1.0MPa 为标准。

5）给水系统：从园中西部的卫生间内的总接水管就近接入。

6）管道穿池壁、池底均预埋防水管套，有施工者与土建施工配合。

7）图中管道未注标高者，均根据现场确定。

8）本工程采用标准图为国家标准图。

9）施工及验收按下列规范执行：《建筑给水排水及采暖工程施工质量验收规范》GB 50242—2018《建筑给水复合管道工程技术规范》（GJJ/T 155—2011）。

3. 实训步骤

（1）施工准备　熟悉设计图纸，熟悉管线的平面布局、管段的节点位置标高、不同管段的管径、管底标高、阀门井以及其他设施的位置等。还应做人力、设备、物资以及工艺工序等方面的准备工作。图纸见图5-1。

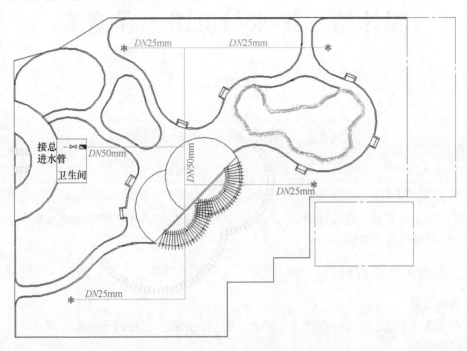

图5-1　某公园给水及灌溉管道

（2）清理施工场地　清除场地内有碍管线施工的设施和建筑垃圾等。距离管线过近或根系分布范围与管线重叠的大树也应根据实际情况予以清除或者限制根系发展。

（3）施工定位放线　按照设计图纸，根据管线的平面布局，利用相对坐标和参照物，把管段的节点放在场地上，连接临近的节点即可。如是曲线可找出其相关参数或用方格网法放线，同时应设置高程参考桩。桩位应选择适当，使施工过程中高程桩不致被挖去或被泥土、器材等掩盖。

（4）开挖沟槽　按定线用机械或人力破除路面。路面材料可以重复使用的应妥善堆放。沟槽用机械开挖的，要防止损坏地下已有的设施（如各种管线）。人力开挖的，要根据给水管的管径确定所挖沟的宽度：

$$D = d + 2L$$

式中　D——沟底宽度（cm）；

$\quad\quad\quad d$——水管设计管径（cm）；

$\quad\quad\quad L$——水管安装工作面（cm），一般为$30 \sim 40cm$。

施工实景如图5-2所示。

（5）基础处理　沟槽一般为梯形，其深度为管道埋深，一般可直接埋在天然地基上，不需要做地基处理；如承重力达不到要求的地基上层，应挖得更深一些，以便进行基础处理。处理后需要检查基础标高与设计的管底标高是否一致，如有差异，需要做调整，如图5-3所示。

图 5-2 管道沟槽开挖现场施工实景

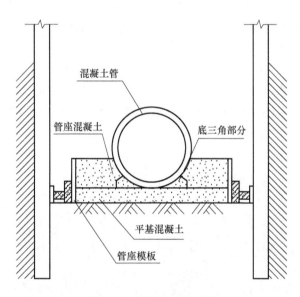

图 5-3 管道基础断面图

（6）下管 将管材沿沟槽排好，管材下槽前做最后检查，有破损或裂纹的剔除。直径为 200mm 以下管材的移动和下槽，通常不用机械。大口径管道用三脚架和葫芦吊放。排管常从闸阀或配件处开始。管子逐根下槽，顺序做好接口。

（7）接口 在管道安装之前，要准备相关材料，材料准备好后，计算相邻节点之间需要管材和管件的数量。不同管材的连接方式不同，塑料管材通常用套管进行热熔连接；镀锌钢管则要先进行螺钉口的加工，再进行管道安装；铸铁管、球墨铸铁管和钢筋混凝土管大多采用承接接口，少数和闸阀连接的铸铁管用法兰接口。一般给水管从干管到支管为 $DN100$、$DN80$、$DN50$、$DN40$、$DN25$、$DN20$。安装顺序一般是先干管后支管再立管，在工程量大和工程复杂地域，可以分段和分区施工，利用管道井、阀门井和活接头连接。施工中应注意接口要密封稳固、防止管道漏水，同时还应注意管内清洁，尽量防止沙粒等进入管内，如图 5-4 所示。

图5-4 管道连接的施工实景

（8）覆土和试压 接口做好之后应立即覆土。覆土时留出接口部分，待试压后再填土。覆土前用沙土填实管底和管道两侧，不使管道悬空和移动，防止在填埋过程中压坏管道。覆土要分层夯实，以免施工后地面沉陷。覆土敷设一千米左右时，即应试压。试压前应先检验管线中弯头和三通处的支墩筑造情况，须合格后才能试压，否则弯头和三通处因受力不平衡，可能引起接口松脱。试压时将水缓缓灌入管道，排出管内空气。空气排空后将管内的水加压至规定值，如能维持数分钟即为试压成功。试压结束后，完成覆土，打扫工地。

（9）修筑管网附属设施 在日常施工中遇到最多的是阀门井和消火栓，要按照设计图纸进行施工，如图5-5所示。

图5-5 管网附属工程施工实景

（10）冲洗和消毒 管网敷设完成以后要再次用消毒溶液对管道进行冲洗和消毒。

四、实训要点

1. 园林给水工程

（1）给水工程 给水工程分为三个部分：取水工程、净水工程和输配水工程。这三个部分用水泵联系，组成一个完整的供水系统，如图 5-6 所示。由于园林取水水源不同，取水工程及净水工程的配置也有不同，当水源水质较好时甚至不需要建设净水工程。

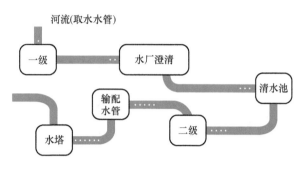

图 5-6　给水工程示意图

（2）园林给水管网的布置原则

1）水管管线以上的覆土深度，金属管道一般不小于 0.7m，非金属管网不小于 1.0m，冰冻地区还应考虑冻土层厚度，根据实际情况继续加深。

2）给水管网相互交叉时，净距不小于 0.15m，与污水管平行时，间距取 1.5m，与污水管或者输送有毒液体的管道交叉时，给水管道应敷设在上面，且不可以有接口重叠。

3）分段分区设检查井、阀门井，一般在干管与支干管、支干管与支管连接处设阀门井，转折处设井，干管长度小于 500m 处设井。

4）阀门井预设支管接口，方便以后增设管道。

5）管段应设泄水阀，尤其北方寒冷地区更应注意。

6）消火栓的设置：在建筑群中间距≤120m；距建筑外墙≤5m，最小为 1.5m；距路缘石≤2m。

（3）园林给水管网的布置形式

1）树枝状管网。由干管和支管组成，布置犹如树枝，从树干到树枝越来越细；适用于用水量不大、但用水点较分散的情况。该布置形式造价较低。

2）环状管网。指主管和支管均呈环状布置的管网。优点是安全可靠，水质不易变坏；缺点是总长度较大，造价高，如图 5-7 所示。

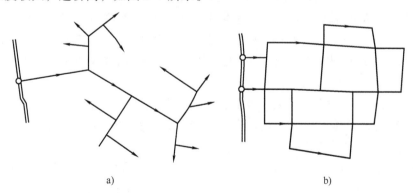

图 5-7　给水管网布置形式
a）树枝状管网　b）环状管网

3）与水量及管径确定有关的概念如下。

① 用水量标准。根据我国各地区城镇的实际情况不同而制定的用水量标准，是进行管网计算的重要依据之一。一般以一年中用水量最高的那一天的用水量来表示，见表5-1。

表 5-1　用水量标准及时变化系数

序号	名　　称		单　　位	用水量标准/L	时变化系数	备　　注
1		餐厅	每一顾客每次	15～20	2.0～1.5	仅包括食品加工、餐具洗涤、清洁用水以及工作人员、顾客的生活用水
		茶室	每一顾客每次	5～10	2.0～1.5	
		小卖部	每一顾客每次	3～5	2.0～1.5	
2		电影院	每一观众每场	3～8	2.5～2.0	附设有卫生间和饮水设备的露天或室内文娱活动场所，都可以按电影院或剧场的用水量标准选用
		剧场	每一观众每场	10～20	2.5～2.0	
3	喷泉	大型	每小时	10000以上		应考虑水的循环利用
		中型	每小时	2000		
		小型	每小时	1000		
4	洒地用水	柏油路面	每次每平方米	0.2～0.5		≤3次/d
		石子路面	每次每平方米	0.4～0.7		≤4次/d
		庭院及草地	每次每平方米	1.0～1.5		≤2次/d
5		花园浇水*	每日每平方米	4～8		结合当地气候、土质等实际情况取用
		苗圃浇水*	每日每平方米	1.0～1.3		
6		公共卫生间	每小时	100		

注：*者为国外资料。

② 日变化系数和时变化系数。园林中的用水量不是固定不变的。我们将最高日用水量与平均日用水量的比值，称为日变化系数，以 K_d 表示。即：

日变化系数 K_d = 最高日用水量/平均日用水量

（日变化系数 K_d 的值，在城镇中一般取 1.2～2.0；在农村由于用水时间很集中，数值偏高，一般取 1.5～3.0；在园林中，由于节假日游人较多，其值为 2～3。）

一天中每小时用水量也不相同。我们把最高时用水量与最高日平均时用水量的比值称为时变化系数，以 K_b 表示。即：

时变化系数 K_b = 最高时用水量/平均时用水量

（时变化系数 K_b 的值，在城镇通常取 1.3～1.5；在农村则取 5～6；在园林中，由于白天、晚上差异较大，其值为 4～6。）

③ 流速和流量。在给水系统设计中，各种构筑物的用水量是按照最高日用水量确定的，而给水管网的设计是按最高日用水量来计算确定的，最高日最高时管网中的流量就是给水管网的设计流量。流速的选择较复杂，涉及管网设计使用年限、管材及其价格、电费高低等，在实际工作中通常按经济流速的经验值取用：

$d > 100\text{mm}$ 时，$v = 0.2 \sim 0.6\text{m/s}$；

$100\text{mm} \geqslant d > 40\text{mm}$ 时，$v = 0.6 \sim 1.6\text{m/s}$；

$d \leqslant 40\text{mm}$ 时，$v = 1.6 \sim 1.4\text{m/s}$。

④ 管径的确定。管网中各管段计算流量分配确定后，一般作为确定管径 d 的依据。其计算公式为：

$$d = \sqrt{4Q/\pi v} \approx 1.13\sqrt{Q/v}$$

式中：d = 管段管径（mm）；

　　　Q = 管段的计算流量（m^3/h 或 L/s）。

⑤ 压力和水头损失。在给水管上任意点接上压力表，都可测得一个读数，这个数字便是该点的水压力值。

水压的单位通常为 kg/cm^2 或 kPa。为计算方便，又常用"水柱高度"表示，水力学上又将水柱高度称为"水头"，单位为 mH_2O。

其单位换算关系为：$1\text{kg/cm}^2 = 10\text{mH}_2\text{O} = 100\text{kPa}$。

水头损失就是水在管中流动，水和管壁发生摩擦，克服这些摩擦力而消耗的势能。水头损失包括沿程水头损失和局部水头损失。

沿程水头损失用 h_y 表示：

$$h_y = i \times L(\text{mH}_2\text{O})$$

式中　h_y——沿程水头损失（mH_2O）；

　　　i——单位管段长度的水头损失（$\text{mH}_2\text{O/m}$）；

　　　L——管段长度（m）。

局部水头损失通常用 h_j 表示。一般取沿程水头损失值的百分比给水：生活用水管网为 $25\% \sim 30\%$，生产用水管网为 20%，消防用水管网为 10%。

2. 园林排水工程

（1）园林绿地排水的种类　主要是天然降水、生产废水、游乐废水和生活污水。

1）天然降水：指园林排水管网收集的雨水和已经融化的雪水、冰水等。这些天然的降水可能会受到空气及地面泥沙的一定污染，但总体来说污染程度不高，可以直接向园区内的湖泊、河流、水池中排放。

2）生产废水：指盆栽植物浇水时多浇的水，鱼池、喷泉池、睡莲池等较小的水景池排放的废水。这些较小的水景池事实上本身也有一定的自净能力，只要不是间隔太长时间更换或者有较大的污染事件发生，可以直接排放进入流动的水体中。

3）游乐废水：游乐设施中的水体一般面积不大，给水太久会使水质变坏，因此每隔一段时间也要进行更换。游乐废水中所含的污染物不算多，可以酌情向园林湖池中排放。

4）生活污水：园林中的生活污水主要来自餐厅、茶室、小卖铺、卫生间、宿舍等处。这些污水中所含的有机污染物较多，一般不能直接向园林水体中排放，只能单独排放至城市污水处理系统中或经无害化处理后才能排放。

（2）园林排水的特点

1）主要是排出天然降水和少量生活污水。

2）园林中多具有起伏多变的地形，有利于地面水的排出，但应注意水土保护。

3）园林中大多有水体，天然降水可以就近排入园中水体。

4）园林中大量的植物可以吸收部分雨水，同时考虑旱季植物对水的需要，干旱区更应注意保水。

（3）排水模式

1）分流制排水：排水特点是"雨污分流"。天然降水等污染程度较低，可以单独设置排水系统直接排放。而对生活污水等污染程度较高的污水单独建立排水系统。这两个排水系统互不干扰，单独排放。分流制排水系统排水效率较高但造价也较高。

2）合流制排水：排水特点是"雨污合流"。整个排水系统只有一套管网。优点是造价较低，但只能用在污染负荷极小或者自净能力极强的超大型公园或者风景区。

在实际建设过程中，由于相当部分的公园或者风景区都是逐渐开发建设的，前期污染负荷很小，后期才会随着建设的不断深入逐渐增加。所以可以根据实际情况在建园初期运用合流制排水，后期补充建设分流制排水，如图5-8所示。

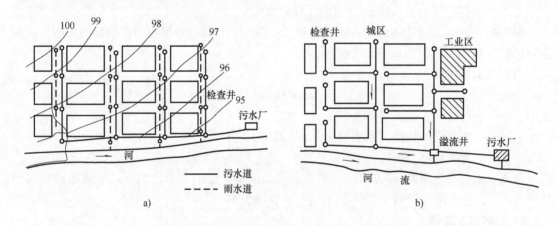

图5-8 合流制排水与分流制排水

a）合流制排水 b）分流制排水

（4）园林排水的方式 园林排水的特点决定了园林排水的方式。我国大部分园林都是采用以地面排水为主，结合沟渠排水和管道排水的方式排出地表径流。

1）地面排水（见图5-9）：地面排水的方式可以归纳为五个字——拦、阻、蓄、分、导。

拦——把地表水拦截于园地或某局部之外。

阻——在径流流经路线上设置障碍挡水，达到消力降速以减少冲刷的作用。

蓄——蓄包含两方面含义，一是采取措施使土地多蓄水，二是利用地表低洼处或池塘蓄水。

分——用山石、建筑墙体等将大股地表径流分成多股细流，以减少灾害。

导——把多余的地表水或者造成危害的地表径流，利用地面、明沟、道路边沟或者地下管道及时排放到园内水体或者雨水管渠内。

2）沟渠排水：沟渠排水分为明沟排水和暗渠排水两种方式。

① 明沟排水。根据其断面形式可以分为梯形、三角形和自然式浅沟等，结构可分为砌

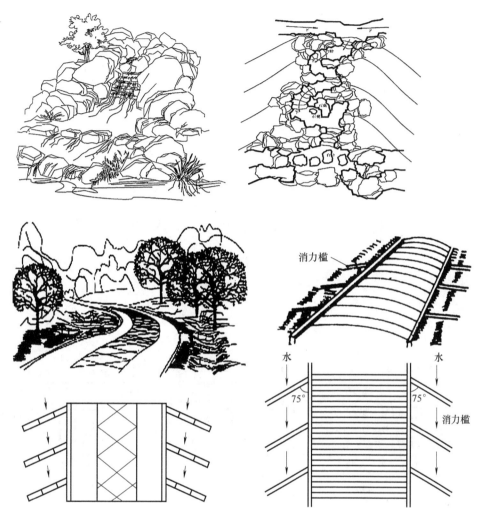

图5-9　地面排水设施示意图

砖、石或混凝土明沟，如图5-10所示。

②盲沟排水。盲沟又称暗沟，是一种地下排水渠道，主要用于排出地下水，降低地下水位。随着"海绵城市"概念的兴起，盲沟排水这种排水性能良好、造价低廉同时又能够保持地面绿地草坪及其他活动场地完整性的排水方式越来越被重视。

盲沟的埋深取决于植物对地下水位的要求，受根系破坏、土壤质地、冰冻深度及地面荷载等因素的影响，通常为1.2～1.7m；支管间距则取决于土壤种类、排水量和排水要求，要求高的场地多设支管，支管间距一般为9～24m。最小纵坡不小于5‰，只要地形允许，可适当加大，如图5-11所示。

③管道排水：管道排水是园林污水排放的主要方式。有些低洼的绿地、铺装的广场和建筑物周围的给水也需要运用管道来进行排放。管道排水的优点是排水效率高，不妨碍地面活动，卫生美观；缺点是造价较高，检修困难。

管道排水系统通常由雨水口（雨水井）、连接管、检查井、干管和出水口五部分组成。其布置的一般规定为：

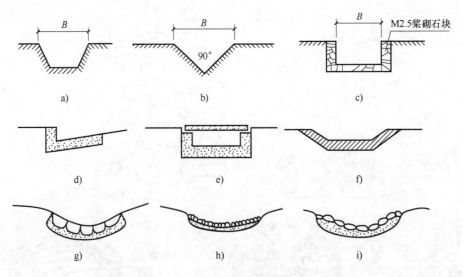

图 5-10 明沟排水

a) 梯形明沟 b) 三角形明沟 c) 方形明沟 d) 混凝土边沟 e) 缸盖明沟 f) 砖形沟
g) 块形明沟 h) 小卵石明沟 i) 大卵石明沟

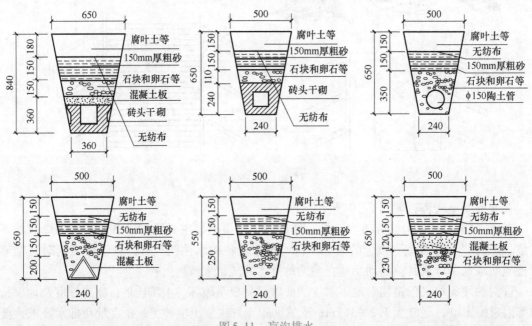

图 5-11 盲沟排水

管道的最小覆土深度不小于 0.7m。

各种管径和最小设计坡度见表 5-2。

表 5-2 排水管各种管径的最小坡度

管径/mm	200	300	350	400
最小坡度	0.004	0.0033	0.003	0.002

最小容许流速不得小于 0.75m/s。

五、实训作业

6～8 人为一组，完成一个小型绿地给水排水工程系统工程技术的资料整理工作，并根据实际条件进行操作实训，水电布置图详见电子资源 14。

六、实训小结

给水排水工程系统的工作压力较高，隐蔽工程较多，工程质量要求严格。因此，在各个环节内关键部位的操作，均要根据技术规范实施。

七、实训评价

序号	考核项目	考核标准				等级分值			
		A	B	C	D	A	B	C	D
1	放线完整，准确	优秀	良好	一般	较差	10	8	6	4
2	施工过程完整，步骤正确，严格按施工规范进行	优秀	良好	一般	较差	25	20	15	10
3	计算准确、绘图完整	优秀	良好	一般	较差	45	40	35	30
4	最终结果完全体现设计	优秀	良好	一般	较差	10	8	6	4
5	实训态度积极，按时完成	优秀	良好	一般	较差	10	8	6	4
考核成绩（总分）									

八、实训拓展

根据教学实际情况选择适当园林施工图进行园林给水排水工程训练。

任务 2 电路工程施工

一、实训目的

通过该项综合实训，使学生掌握电路工程施工与管理技能。要求定点放线、开挖基槽、铺设电缆等环节施工步骤准确、完整、熟练；照明系统设备结构合理、整体稳固、运行效果美观。

二、实训工具及材料

1. 实训工具
放线工具、铁锹、管道连接工具等。
2. 实训材料
电缆、穿线管、照明灯具等。

三、实训内容及步骤

1. 实训内容

根据施工图进行电路工程施工。

2. 实训步骤

本实训的施工流程如下：施工准备（熟悉图纸，检验施工材料质量）→施工放线→开挖沟槽→敷设电缆→照明灯的施工安装。

（1）说明

1）确定电源供给点以及绿地的用电来源。引用就近现有变压器，但必须注意该变压器的多余容量是否能满足新增绿地中各用电设备的需要（变压器需向当地供电局申请安装），且变压器安装地点与绿地用电中心之间的距离不宜太长。

2）布局配电线路原则。绿地布局配电线路时，应以全面统筹安排考虑为原则：经济合理、使用维修方便、不影响园林景观，从供电点到用电点，要取近，走直线，并尽量敷设在道路一侧，不要影响周围建筑及景观和交通。在各具体用电点，要考虑到未来发展的需要，留足接口和插口，尽量经过能开展活动的地段。因此，对于用电问题，应在绿地平面设计时做出全面安排。

① 线路敷设形式为：配电线路的布局主要采用地下电缆。虽然一次性投资较大，但从长远考虑和发挥园林功能的角度出发，还是经济合理的。当然，也应根据具体条件，进行技术经济的评估之后，再确定多种复合的线路敷设形式。

② 线路组成：具体设计应由电力部分的专业电器人员进行设计，如独立设置变电所、安装配电设备、组织动力用电和照明用电等。

③ 线路敷设实景情况如图5-12所示。

图5-12　配电线路地下直埋工程施工实景

3）照明网络。照明网络一般采用380/220V中性点接地的三相四线制系统，灯用电压220V。为了便于维修，每回路供电干线上连接的照明配电箱一般不超过3个，室外干线向各建筑物等供电时不受此限制。一般配电箱的安装高度为中心距地面1.5m，若控制照明不是在配电箱内进行，则配电箱的安装高度可以提高到2m以上。一般园内道路照明可设在警卫室等处进行控制，道路照明除各回路有保护外，灯具也可单独加熔断器进行保护。

本实训用到的照明灯具情况如下。

GBH861庭院灯，防护等级：IP54电器绝缘等级，CLASS I 符合标准：《灯具安规要求》

（IEC 60598），《灯具第 1 部分：一般安全要求与试验》（GB 7000.1—2015）。产品特点：压铸铝灯体；高强度 PC 透光罩；高纯铝抛光氧化反应器、遮光罩；具有专业设计的快速换灯结构，使用维护方便；一体化电器设计，使灯杆的选择更广泛，安装快速方便；表面抗紫外线喷塑处理，抗老化、寿命更长久；可配 70 ~ 150W 金卤灯或高压钠灯源，也可应用紧凑型节能光影（18W）；灯杆安装尺寸（高度）：76mm。应用场所：庭院、广场、住宅小区、道路。

GBS601 草坪灯，防护等级：IP54 电器绝缘等级，CLASS I 符合标准：《灯具安规要求》（IEC 60598），《灯具第 1 部分：一般安全要求与试验》（GB 7000.1—2015）。产品特点：铝挤型灯体及高强度乳白 PC 罩；不锈钢螺钉；防水硅胶圈；灯体表面抗紫外线喷塑处理，良好的防腐、防锈性能；可配 9 ~ 18W 节能灯光源，以满足不同照明需求；适用于小型道路、公园、庭院、广场等室外照明。

（2）实训步骤　根据图 5-13 所示施工图进行施工。

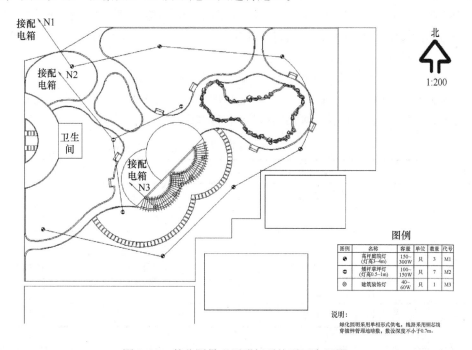

图 5-13　某公园景观照明灯系统平面布置图

1）施工放线。按电路设计图进行放线，以供电点为基点，采用"要取近、走直线"的原则，向各个电路引线方向进行放线定位。

2）开挖基槽。按电路设计图进行开挖基槽，宽度 30 ~ 40cm，深度 30 ~ 50cm，基槽底部夯实压 2 ~ 3 遍，整平。基槽平整度允许误差不大于 2cm。如土壤干燥，基槽开挖后，可适当浇水，使其湿润后再夯实；如土壤水位过高，则需开沟降低地下水位。

3）敷设电缆。按设计要求准备照明电缆材料，本案例照明电力电缆为"铜芯聚氯乙烯绝缘硬（软）电力电缆"，保护措施套管为 PVC 管。以供电点为基点，到用电点进行电力电缆线的敷设连接，在灯位预留电缆线头，并且各个电缆接头处要安装完整、安全，做到无遗漏。

4）照明灯的施工安装。将设备运到施工现场。根据各个照明灯的安装说明要求，应由具有低压电器安装资格的专业人员按电器接线图和照明设备安装。

四、实训要点

1）交流电源。园林供电的电源基本上都取决于地区电网，只有少数距离城市较远的风景区才可能利用自然山水条件发电。一般情况下，园林供电电源为交流电源。在交流电供电方式中，一般提供三相交流电源，即在同一电路中有频率相同而相位互差120°的三个电源。

2）电压与电功率。电压是电路中两点之间的电位差，以 V（伏）来表示。

电功率是电所具有的做功的能力，用 W（瓦）表示。园林设施所直接使用的电源电压主要是220V和380V的，属于低压供电系统的电压，最远输送距离在350m以下，最大输送功率在175kW（千瓦）以下。

3）送电与配电。发电厂的三相发电机产生的电压是6kV、10kV或15kV，送上电网前要经过变压器升高电压到35kV以上。高压电能通过电网输送到用电地区所设置的6kV、10kV降压变电所，降低电压后，又通过中压电路输送到用户的配电变压器，并将电压降到380V/220V，供各种负荷使用。

4）一般情况下，当绿地独立设置变压器时，需向供电局申请安装变压器。在选择地点时，应尽量靠近高压电源，以减少高压进线的长度。同时，应尽量设在负荷中心或发至负荷中心。表5-3为常用电压电力线路的传输功率和传输距离。

表5-3　常用电压电力线路的传输功率和传输距离

额定电压/kV	线 路 结 构	输送功率/kW	输送距离/kW
0.22	架空线	50 以下	0.15 以下
0.22	电缆线	100 以下	0.20 以下
0.38	架空线	100 以下	0.25 以下
0.38	电缆线	175 以下	0.35 以下
10	架空线	3000 以下	15～8
10	电缆线	5000 以下	10

5）配电变压器。变压器是把交流电压变高或变低的电气设备，种类繁多，用途广泛，选用变压器时，最主要的是注意它的电压以及容量等参数。铭牌规定如图5-14所示。

图5-14　配电变压器型号

6）配电电缆。目前在低压配电系统中常用的电力电缆有 YJV（交联聚乙烯绝缘聚氯乙烯护套）电力电缆和 VV（聚氯乙烯绝缘聚氯乙烯护套）电力电缆两种，一般优选 YJV 电力电缆。电缆的敷设有直埋、电缆沟、排管、架空等方式，直埋电缆必须采用有铠装保护的电缆，埋深不得少于 0.7m。

我国电缆产品的型号由几个大写的汉语拼音字母和阿拉伯数字组成。用字母表示电缆的类别、导体材料、绝缘种类、内护套材料、特征，用阿拉伯数字表示铠装层和外披层类型。

如：YJLV22-3×120-10-300，即表示铝芯、交联聚乙烯绝缘、聚氯乙烯内护套、双钢带铠装、聚氯乙烯外护套，三芯、120mm²、电压为 10kV、长度为 300m 的电力电缆。

7）灯具。园林中灯具的选择除了考虑到便于安装维护外，更要考虑灯具的外形是否与周围园林环境相协调，使灯具能为园林景观增色。灯具若按结构分类可分为开启型、闭合型、密封型和防爆型。按灯具光通量在空间上、下半球的分布情况，又可分为直射型灯具、半直射型灯具、漫射型灯具、半反射型灯具、反射型灯具等。而直射型灯具又可分为广照型、均匀配光型、配照型、深照型和特深照型五种。

选用灯具应从使用环境条件、场地用途、光照分布、限制眩光等方面进行，一般选择的原则是：

① 正常环境中，宜选用开启式灯具。

② 潮湿或特别潮湿的场所可选用密闭型防水灯或带防水防尘密封式灯具。

③ 按光照分布特性选择灯具，如灯具安装高度在 6m 以下（包含 6m）时，可采用深照型灯具。

④ 安装高度在 6~15m 时，可采用直射型灯具。

⑤ 当灯具上方有需要观察的对象时，可采用漫射型灯具；对于大面积的绿地，可采用投光灯等高光强灯具。

常见的灯具类型有：

① 草坪灯。这是专为草坪、花丛、小径旁等设计的灯具。不仅造型优美、色彩丰富，而且安装简单方便，并可随意调节灯具的照射角度以及光度、光色。一般安装高度为 0.6~1.2m。

② 地灯。地灯多设在蹬道石阶旁和盛开的鲜花旁及草池中，也可设在公园小径、居民区散步小路、梯级照明处、矮树下、喷泉池内等地。灯具采用密封式设计，除了有防水、防尘功能外，亦能避免水分凝结于内部，确保产品可靠、耐用。

③ 广场灯。最好采用高杆灯照明，灯的位置避开中央，除了保证良好的照明度和照明分布外，还应选用显色性良好的光源。

④ 壁灯。它是一系列壁嵌式的照明灯具，适用于楼道、阶梯等场所的照明。

⑤ 水下照明灯具。灯具使用压力水密封型设计，最大可浸深 10m，除具有防水性能外，还能防止水分凝结于内部，确保产品可靠、耐用。

各种灯具的型号、规格必须符合设计要求和国家标准的规定。配件齐全，无机械损伤、变形、油漆剥落、灯罩破损和灯箱歪翘等现象，各种型号的照明灯具应具有出厂合格证、"CCC" 认证标志和认证证书复印件，进场时做验收检查并做好记录。

8）对于喷水池及瀑布的照明，则需要遵循以下原则：

① 喷水池的照明在水流喷射的情况下，将投射灯具安装在水池内的喷口后面或装在水流重新落到水池内的落点下面。或者在这两个地方都装上投光灯具。

② 水离开喷口处的水流密度最大，当水流通过空气时会产生扩散。由于水与空气有不

同的折射率，使投光灯的光在进出水柱时产生二次折射。在"下落点"，水已变成细雨一般，因此投光灯具装在距下落点大约10cm的水下，可使下落的水珠产生闪闪发光的效果。

③ 对于水流和瀑布，灯具应装在水流下落处的底部。

④ 输出广度应取决于瀑布的落差和与流量成正比的下落水层的厚度，还取决于流出口的形状所造成的水流散开程度。

⑤ 对于流速比较缓慢、落差比较小的阶梯式水流，每一阶梯底部必须装有照明。线状光源（荧光灯、线状的卤素白炽灯）最适合于这类情形。

⑥ 由于下落水的重量与冲击力可能冲坏投光灯具，所以必须牢固地将灯具固定在水槽的墙壁上或加重灯具。

⑦ 具有变色程序的动感照明，可以产生一种固定的水流效果，也可以产生变化的水流效果。如图5-15所示为针对采用不同的流水效果的灯具安装方法。

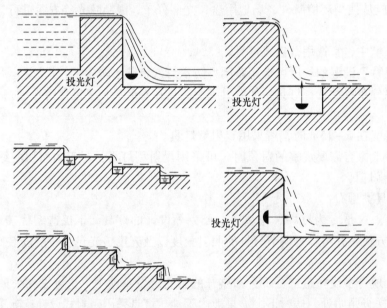

图5-15　瀑布、水流的投光照明示意图

9）潜水电泵的安装使用。

① 安装前的技术检验。

线路检验：潜水电泵的线路应完整，且连接正确可靠，必须有过流保护装置。若用闸刀式开关，则必须使用合格的熔丝，不得随意加粗或用金属丝代替。

接地线：电机必须有符合技术标准的接地线。

绝缘检验：将电机、电缆放入水中22h后，用500V或1000V兆欧表检查电机绕组对地的绝缘，电阻不应小于200MΩ。

电机旋转方向的检验：有些潜水泵正反转都能出水，但反向转动出水量小，且使电流增大，对电机绕组不利。因此，机组下水前，应首先向电机内充满纯净水（湿式潜水泵），并向泵体内灌水，润滑轴承，然后接通电源，瞬时启动电机，观察电机旋转方向，确认正确并无异常时，方可正式下水作业。

泵组水下保持正确位置：水泵在水中应保持直立状态，不得倾斜。潜水深度应保持在水面以下 1~2m，距井底不小于 3m，以便抽吸洁净水。

② 潜水泵的安装。

安装潜水泵的基本要求：潜水泵所接电源的容量应大于 5.5kV·A。潜水泵所接电源电压要在 340~420V 之间（三相电源）。潜水泵的控制开关一般要求使用磁力启动器或空气开关，以保证水下工作的电泵发生短路、缺相、过载等故障时能自动跳闸。潜水泵的引线为铜电缆，和铝接线电缆连接时，要采用铜铝过度零件，以保证接触良好。潜水泵应做好接地保护，以保证使用时的设备与人身安全。潜水泵在空气中通电检查或运行时间不得大于 5min。

五、实训作业

6~8 人为一组，完成一个小型电路铺设工程。

六、实训小结

园林电路工程的设计与安装，工作电压较高，安全风险系数较大，隐蔽工程较多，工程质量要求严格。因此，在各个环节内的关键施工操作中，均要根据技术规范实施。

七、实训评价

序号	考核项目	考核标准				等级分数			
		A	B	C	D	A	B	C	D
1	放线完整、准确	优秀	良好	一般	较差	10	8	6	4
2	施工过程完整，步骤正确，严格按施工规范进行	优秀	良好	一般	较差	25	20	15	10
3	计算准确、绘图完整	优秀	良好	一般	较差	45	40	35	30
4	最终结果完全体现设计	优秀	良好	一般	较差	10	8	6	4
5	实训态度积极，按时完成	优秀	良好	一般	较差	10	8	6	4
考核成绩（总分）									

八、实训拓展

根据教学实际情况选择适当电路施工图进行放线训练。

项目 6

园林建筑与小品施工

任务 1　砌筑工程施工

一、实训目的

通过该项综合实训，使学生掌握砌筑工程施工及其管理技能。了解砌筑材料，正确配置水泥砂浆，正确使用砌筑工具，能计算和测量长度、高度等尺寸，了解精确度在工程上的重要性，能指导砌筑工程施工。

二、实训工具及材料

1. 实训工具

放线工具、铁锹、搅拌机、切砖机、卷尺、水平尺、抹子、砖刀、泥桶、勾缝工具等操作工具；护膝、口罩、手套、耳塞、劳保鞋、劳保服等劳保用具。

2. 实训材料

水泥砖、中砂、水等。

三、实训内容及步骤

1. 实训内容

砌筑是园林工程中常见的施工方式之一，包含基础砌筑、沟体砌筑、墙体砌筑以及造型砌筑等不同位置和方式的砌筑。无论砌筑的位置及对象是否相同，其基本的砌筑要求都是一样的。本次实训以砌筑花池为例进行指导。

2. 实训步骤

一般砌筑分为：定位放线、砂浆搅拌、砌筑、勾缝四个步骤，如图 6-1 所示。

（1）放线定位　本次实训场地较小，使用放线木桩、卷尺等一般工具即可。通过直角坐标法将坐标点测设到场地中。放线过程中要不断复核尺寸，主要复核方法为对角线法，即复核对角线长度从而确认放线尺寸。

（2）砂浆搅拌　砂浆是由胶凝材料、细骨料、掺加料和水按适当比例配制而成的建筑材料。水泥砂浆中的胶凝材料即为水泥，细骨料即为砂，与抹面砂浆不同的是砌筑砂浆中应用中粗砂。

1）水泥与砂按 M5 或 M7.5 强度等级配比，比例约为水泥 1 份、砂 3~4.5 份，此配比

图6-1 一般砌筑步骤

仅做参考，以搅拌后水泥砂浆能成型为准，不宜过稀。水泥宜选用32.5级或42.5级，强度过高不仅造价偏高，也不适宜作为砌筑砂浆的原料。

2）人工搅拌：选取适当量的砂和水泥后，人工使用铁锹先将砂和水泥干拌均匀，然后从中间加适量水后朝一个方向由外向内进行翻铲。

3）手持机械搅拌：在容器内先加入定量砂，然后按比例加入水泥，开动机器干拌均匀后再加入水进行搅拌。

4）水泥砂浆应随拌随用，拌制的水泥砂浆宜在3小时内使用完。水泥砂浆配比参考表6-1。

表6-1 水泥砂浆配比参考

技术要求	水泥砂浆		
	稠度/mm：70～90		
原材料/（kg/m³）	水泥：32.5级		
	水泥	河砂	水
M2.5	200	1450	310～330
	1	7.25	参考用水量
M5.0	210	1450	310～330
	1	6.9	参考用水量
M7.5	230	1450	310～330
	1	6.3	参考用水量

（续）

技术要求	水泥砂浆		
	稠度/mm：70～90		
原材料/（kg/m³）	水泥：32.5 级		
	水泥	河砂	水
M10	275	1450	310～330
	1	5.27	参考用水量
M15	320	1450	310～330
	1	5.27	参考用水量
M20	360	1450	310～330
	1	4.03	参考用水量

（3）砌筑　标准砖的尺寸为 240mm×115mm×53mm，砖墙的厚度可根据标准砖砌筑排列方式的不同有不同厚度的墙，工程上一般称 12 墙、18 墙、24 墙、37 墙、49 墙。其厚度与组成如图 6-2 所示。

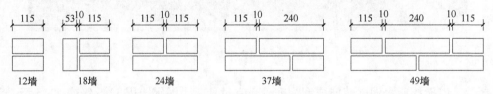

图 6-2　砖墙厚度与组成

1）砌筑的常用方法主要有：平砖顺砌法、平砖丁砌法、一顺一丁法、三顺一丁法、梅花丁法、侧砖顺砌法、两丁一侧法等。在砖砌体中，长边平行于砌体砌筑的砖称为顺砖，砖的短边平行于砌体砌筑的砖称为丁砖，如图 6-3 所示。

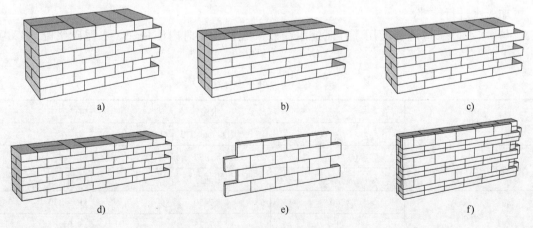

图 6-3　砌筑的常用方法
a）平砖顺砌　b）平砖丁砌　c）一顺一丁　d）梅花丁法　e）侧砖顺砌　f）两丁一侧

① 平砖顺砌法：平砖就是砖放平，顺砌就是砖长边顺着砌筑方向摆砖，平砖顺砌法又叫全顺法。此法墙体较薄，一般适用于矮墙、不高的花池等。

② 平砖丁砌法：与平砖顺砌法相同，只是丁砖砌法，因此平砖丁砌法又叫全丁法。此

法墙体厚重，适用于较多砌筑场景，但相对于顺砌法费砖。

③ 一顺一丁法：一层顺砖，一层丁砖交替的砌筑方法。

④ 三顺一丁法：砌筑三层顺砖再砌筑一层丁砖的方法。

⑤ 梅花丁法：在一层砌筑中，顺砖和丁砖交替摆放的砌筑方法。此法砌筑时每一层砖都有顺砖、丁砖交错，使砌筑更加牢固。

⑥ 侧砖顺砌法：将砖按照墙面面阔方向，上下交错砌筑，砖的侧立面朝下。这种方法砌筑，不能用于承重。

⑦ 两丁一侧法：顺砖砌筑两层后，在一侧加砌一块侧砖，侧砖隔层前后交替。

2）排砖摆底。放出主要轴线及砌体的控制边线，经复线合格后，方可进行施工。砌筑前按砌块尺寸计算皮数和排数，编制排列图。

根据施工平面放线和设计图纸上的位置、形状、砌块错缝、搭接的构造要求和灰缝大小，在每段砌筑前应按预先绘制好的砌块排列图把各种规格的砌块按需要镶砖的规格尺寸进行排列摆放、调整。

3）砌筑施工。

① 砌前先拉水平线，在放线的位置上，按排列图从转角处或定位砌块处开始砌筑，第一皮砌块下应铺满砂浆，如图6-4所示。

图6-4 砌筑施工实景

② 砌块错缝砌筑，保证灰缝饱满。一次铺设砂浆的长度不超过1m。铺浆后立即放置砌块，可用木槌敲击摆正、找平。

③ 砌筑时采用满铺满坐的砌法，满铺砂浆层每边缩进砖墙边 10～15mm，用垂球或托线板调整其垂直度，用拉线的方法检查其水平度。竖向灰缝可用上浆法或加浆法填塞饱满，随后即通线砌筑墙体的中间部分。

④ 砌体转角处要咬槎砌筑；砌体表面的平整度、垂直度、灰缝的均匀度及砂浆的饱满程度等，应参照有关施工规程执行并随时检查，校正所发现的偏差。

（4）勾缝 勾缝是指用砂浆将砖缝填塞饱满，作用是能让砌筑更加牢固，同时整齐的缝隙能让砌筑显得更加清洁和美观，勾缝是清水砌筑中必需的过程。如图6-5所示为勾缝使用的钩子。施工中，若无专业勾缝工具，也可使用木棍、记号笔帽等简易工具进行勾缝，但切记不可以直接使用手指进行勾缝。

图6-5 勾缝用钩子

1）勾缝形式有平缝、凹缝、斜缝、凸缝，如图6-6所示。

① 平缝：操作简便，勾成的墙面平整，但墙面较为单调。

② 凹缝：凹缝是将灰缝凹进墙面5~8mm的一种形式。勾凹缝的墙面有立体感。

③ 斜缝：斜缝是把灰缝的上口压进墙面3~4mm，下口与墙面平，使其成为斜面向上的缝。

④ 凸缝：凸缝是在灰缝面做成一个矩形或半圆形的凸线，凸出墙面约5mm左右。凸缝墙面线条明显、清晰，外观美丽，但操作比较费事。

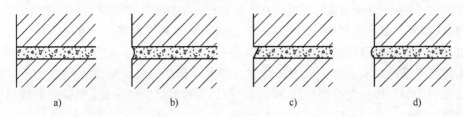

图6-6 勾缝形式

a）平缝 b）凹缝 c）斜缝 d）凸缝

2）实训要点

① 勾缝用砂浆的配合比为1:1.5（水泥:砂），随用随拌，也可取用砌筑时的砂浆进行勾缝，但需要砂浆细腻。

② 勾缝顺序应由上而下，先勾水平缝，后勾立缝。左手托板，右手钩子，将灰板顶在要勾的缝的下口边，用钩子将砂浆塞入缝内一段距离后，用钩子在缝内左右推拉移动，使缝内的砂浆深浅造型一致，表面光滑。

③ 勾缝完成后，要用笤帚把面层清扫干净，落到墙角的砂浆也需清理。

四、实训作业

给定240mm×115mm×90mm厚标准八孔水泥砖，300mm×150mm×30mm厚红砂岩，砌筑基础为990mm×990mm、压顶为203mm×103mm、高度为600mm的花池。按以下实训步骤进行砌筑练习，如图6-7所示（详见电子资源15）。

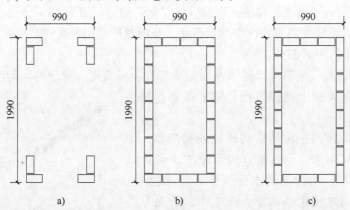

图6-7 实训作业图

a）顶点砖位置示意 b）奇数皮砖位置示意 c）偶数皮砖位置示意

1. 计算

已知给定砖为 240mm × 115mm × 90mm 标准八孔水泥砖，压顶为 300mm × 150mm × 30mm 厚红砂岩，则砖厚 90mm，压顶厚 30mm，按缝厚 10mm 计，则需要砌 6 层砖，总高度为（90mm + 10mm）× 6 + 30mm = 630mm，为保证顶面标高为 600mm，则第一皮砖的基础面标高为 –30mm，第一皮砖完成面的标高为 60mm。

2. 放线与挖槽

根据花坛平面尺寸放线。使用锄头挖基槽，深度为 –30mm。基槽开挖宽度应比砌筑宽度宽 10cm 左右，且槽底平，槽面齐，槽壁整。

3. 夯实基础

使用平板夯进行夯实，夯实到 –40mm，塔尺读数为 640mm（原点塔尺读数为 600mm）。

4. 定点放线

利用直线、直角等关系找到花坛的四个顶点定位。垫 10mm 厚水泥砂浆后砌顶点砖。

5. 复核

每顶点需要顶点间、顶点与边界、顶点与原点的距离互校，确保尺寸准确、边界水平，最后还需符合对角线长度。

6. 摆砖

在放线的基面上按选定的组砌方式用干砖试摆称为摆砖，也叫排砖。与砖之间留 10mm 缝隙。摆放时以 10mm 为准，摆好后可以在 8 ~ 12mm 之间调整，以符合模数并避免破活。

1）第一皮砖：长边带线砌筑，短边用水平尺和目测法砌筑（短边共 4 顺砖，缝 10mm，长边共 7 顺 2 丁，缝 10mm），第三、五皮砖砌法同第一皮砖。

2）第二皮砖：长边带线砌筑，短边用水平尺和目测法砌筑（短边共 3 顺 2 丁，缝 10mm，长边共 8 顺，缝 10mm），第四、六皮砖砌法同第二皮砖。

7. 勾缝

勾缝要饱满平缝，缝隙要求为 8 ~ 12mm。（实际项目中因尺寸为保证不切砖破活，缝隙为非标准缝隙。）

8. 压顶

根据现场采用 300mm × 150mm × 30mm 厚红砂岩板进行裁切，中间部分用标准块，需要切割的为四个顶点八块石材，尺寸如图 6-7 所示。在压顶侧面做标记，标记外侧突出线和内侧突出线，在压顶砌筑的时候根据标记线对应砌体砖块。

9. 砌筑标准

1）不游丁走缝，横平竖直，错缝砌筑，隔层对缝。

2）勾缝均匀，约 8 ~ 12mm（超标准值）。

3）砌体部分长度为 1990mm，宽度为 990mm，高度为 560mm。压顶部分长度为 2030mm，宽度为 1030mm，高度为 600mm，如图 6-8 所示。

10. 防护措施

1）砌筑中需要使用棉纱手套。

2）用红外线的时候需要带防护眼镜。

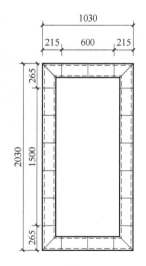

图 6-8 砌体及压顶尺寸

3）压顶材料或砖块切割时需使用防切割手套，佩戴防噪耳机，切割机使用过程中要注意安全，电线要从身后过，不可在切割正前方向，以防电线被切断。

五、实训小结

砌筑是园林中常见施工项目，如建筑的墙体、基础、花坛、水池、挡土墙等，它们既是承重、围护等构件，也是重要的景观组成部分。

通过砌筑工程实训，能初步了解砌筑材料组成，常见工具使用以及劳保需要。

六、实训评价

序号	考核项目	考核标准				等级分数			
		A	B	C	D	A	B	C	D
1	放线完整、精确	优秀	良好	一般	较差	10	9	8	7
2	长宽尺寸计算准确	优秀	良好	一般	较差	20	16	12	8
3	标高尺寸计算准确	优秀	良好	一般	较差	20	16	12	8
4	墙体整洁美观	优秀	良好	一般	较差	10	9	8	7
5	缝隙均匀	优秀	良好	一般	较差	10	9	8	7
6	施工的规范性，操作的熟练性	优秀	良好	一般	较差	20	16	12	8
7	实训态度积极主动，完成及时	优秀	良好	一般	较差	10	9	8	7
考核成绩（总分）									

七、实训拓展

根据教学实际情况选择适当景墙或花池施工图进行砌筑训练。

图6-9～图6-11所示为砌筑训练实景。

图6-9 砌筑训练实景（一）

图 6-10 砌筑训练实景（二）

图 6-11 砌筑训练实景（三）

任务 2 木作工程施工

一、实训目的

通过该项综合实训，使学生掌握木作工程施工及其管理技能。了解常见木质材料，合理选择木材，正确使用切割工具，能计算和测量长度、高度等尺寸，了解精确度在工程上的重要性，能指导木作工程施工。

二、实训工具及材料

1. 实训工具

放线工具、铅笔、记号笔、三角尺、水平尺、砂纸、砂纸架、木工凿等操作工具；护膝、口罩、手套、耳塞、劳保鞋、劳保服等劳保用具。

2. 实训材料

防腐木、螺钉等。

三、实训内容及步骤

1. 实训内容

树木主要分三部分：树干、树冠和树根。树干是由树皮、形成层、木质部和髓心 4 个部分组成的。木质部是树干最主要的部分，也是木材主要使用的部分。木材具有轻质高强、较好的弹性和韧性、耐冲击和振动、保温性好、易着色和油漆、装饰性好、易加工等优点。但存在内部构造不均匀，易吸水吸湿，易腐朽、虫蛀，易燃烧，天然瑕疵多，生长缓慢等缺点。木材按照加工程度和用途的不同分为：原条、原木、锯材和枕木 4 类，如图 6-12 所示。木作主要使用的是锯木。

图 6-12　木材的种类
a) 原条　b) 原木　c) 锯材　d) 枕木

2. 实训步骤

完成如图 6-13 所示木栈道的施工。

（1）基础施工　根据图示，切割 90mm×90mm 木柱 9 根，每根长度 320mm。木材切割需两人搭配，以免切割后的木材掉落碰伤自己或机器。

根据轴线定位，挖基坑，按 200mm×200mm 开挖基坑，夯实后用砖或平整面小料石替代混凝土做基础，砖或小料石的完成面标高应为 −0.23m。

埋入木桩，从木桩四周复土，复核木柱标高应为 0.09m，分层捣实回填土，如图 6-14 和图 6-15 所示。

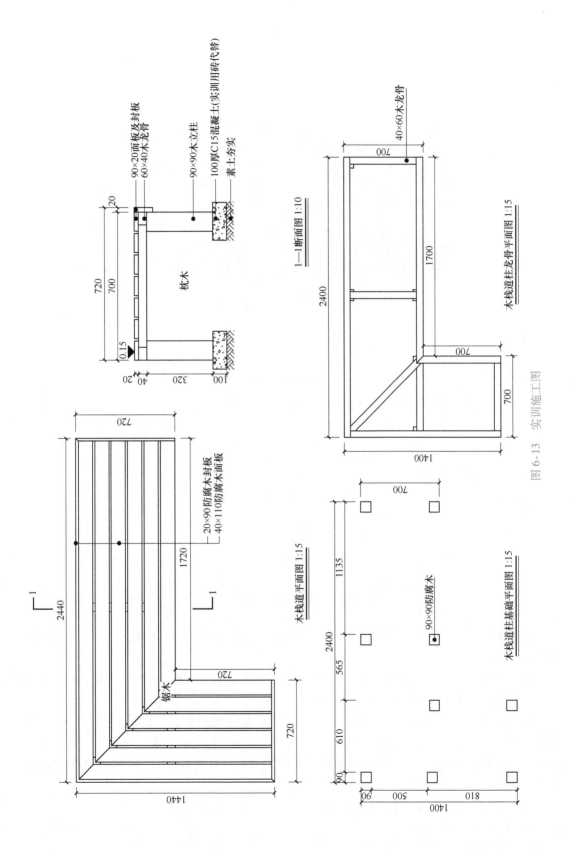

90×20面板及封板
60×40木龙骨
90×90木立柱
100厚C15混凝土(实训用砖代替)
素土夯实

枕木

1—1断面图 1:10

40×60木龙骨

木栈道柱龙骨平面图 1:15

20×90防腐木封板
40×110防腐木面板

锯木

木栈道平面图 1:15

90×90防腐木

木栈道柱基础平面图 1:15

图 6-13　实训施工图

图 6-14 木作基础施工

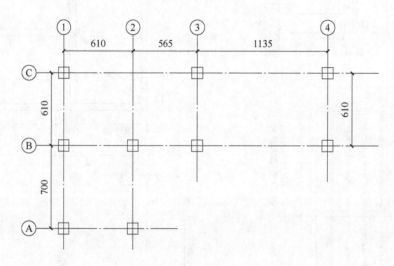

图 6-15 木桩施工图

（2）龙骨施工 根据木栈道龙骨平面图裁切整形木龙骨、异形木龙骨若干，具体尺寸如图 6-16 所示。

将木龙骨按照图 6-17 所示落实到木柱上，并用螺钉固定，螺钉拧紧后要求螺钉与木材在一个平面上，螺钉不得凸出，也不得凹陷。

（3）面板施工 准备 6 根长 2400mm 的面板，依次均缝摆放于木龙骨之上，对齐调整后用螺钉固定。沿着 45°斜角画线，切除多余部分木板。如图 6-18 中虚线部分（详见电子资源 16）。依次切取长度等于斜边顶点到端头距离的木板 5 根，切 45°角与已钉螺钉面板重合，完成封面安装。

（4）复核 根据图示复核木栈道长宽及标高是否符合木作标准：

1）木作尺寸符合图示。

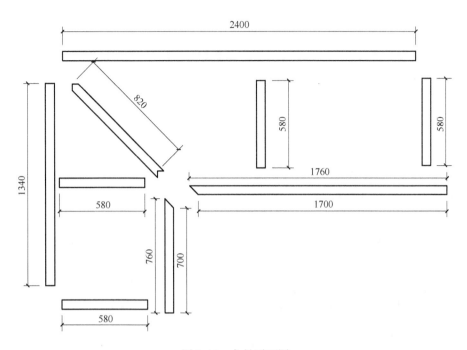

图 6-16 龙骨平面图

图 6-17 龙骨施工

2）木作表面水平，切割整齐且成一条直线。

3）面板缝隙均匀。

4）横梁上的螺钉均位于一条直线上。

5）木作所有部分都进行了打磨（打磨过程应在切割之前）。

防护措施：

1）施工中使用棉纱手套防护。

2）切割时需要使用防切割手套，严禁带纱手套切割。

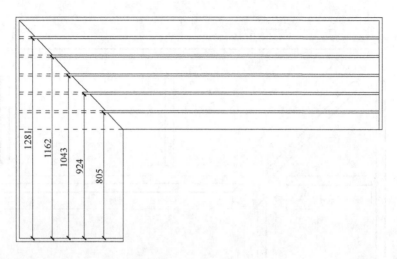

图 6-18　多余木板位置

3）用红外线的时候需要带防护眼镜。

四、实训作业

完成如图 6-19 所示的木作。施工图如图 6-20 所示。

图 6-19　木作

五、实训小结

木作，含义丰富，内容庞杂。如中国古代传统建筑中非承重木构件的制作和安装专业称为小木作，由柱、梁、枋、檩等组成的木构架建筑的主要结构部分称为大木作，此外还有铺作、榫卯等木工做法和结构都属于木作。本章节阐述的是适宜小场景施工的简易式木作，如木平台、木坐凳、木花箱等。木作的原料主要是木材。

通过木作工程实训，能初步了解常见木材种类及尺寸，常见工具使用以及劳保需要。

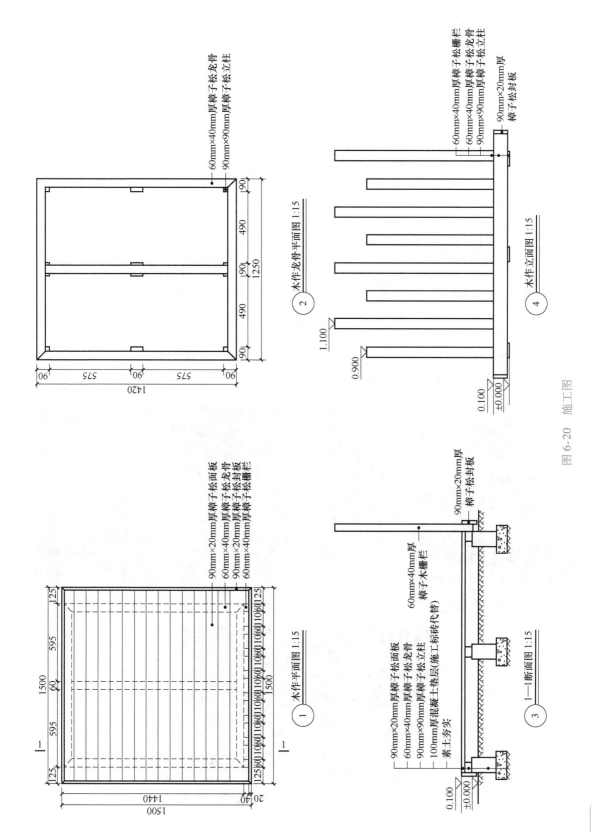

图 6-20　施工图

六、实训评价

序号	考核项目	考核标准				等级分数			
		A	B	C	D	A	B	C	D
1	放线完整、精确	优秀	良好	一般	较差	10	9	8	7
2	长宽尺寸计算准确	优秀	良好	一般	较差	20	16	12	8
3	面板缝隙均匀且美观	优秀	良好	一般	较差	20	16	12	8
4	螺钉排列整齐、深度符合要求	优秀	良好	一般	较差	10	9	8	7
5	表面打磨均匀，符合要求	优秀	良好	一般	打磨不超过50%	10	9	8	7
6	施工的规范性，操作的熟练性	优秀	良好	一般	较差	20	16	12	8
7	实训态度积极主动，完成及时	优秀	良好	一般	较差	10	9	8	7
考核成绩（总分）									

七、实训拓展

根据教学实际情况选择适当廊架或木平台施工图进行砌筑训练。

图 6-21 ~ 图 6-23 所示为木作训练实景图。

图 6-21 木作训练实景图（一）

图 6-22 木作训练实景图（二）

图 6-23 木作训练实景图（三）

项目 7

园路铺装工程施工

任务 1　园路广场放线

一、实训目的

通过此项实训使学生深入理解园路广场施工放线的要点，掌握园路放线的方法，能够根据图纸内容合理组织放线，能够准确完成一般园路的测量放线工作。

二、实训工具及材料

1. 实训工具

测量仪器、木桩、皮尺、钢尺、工程线、铁锤等。

2. 实训材料

白灰或腻子粉。

三、实训内容及步骤

1. 实训内容

某庭园园路放线——根据场地定位图与标高图（图 7-1 和图 7-2，详见电子资源 17、18）进行园路的放线。

2. 实训步骤

（1）施工准备　施工放线同地形测量一样，必须遵循"由整体到局部，先控制后局部"的原则，首先建立施工范围内的控制测量网，放线前要进行现场勘查，了解放线区域的地形，考察设计图纸与现场的差异，确定放线方法。定控制点施工前，工程施工人员要熟悉园路施工图纸，对道路现状进行调查，了解施工路面，确定施工方案。

清理场地，勘查现场，在施工工地范围内，凡有碍工程开展或影响工程稳定的地面物或地下物都应该清除。

（2）测量放线

1）定点。根据平面图标明的尺寸，以基准点和基准线为起点，用卷尺作直线丈量，用经纬仪作角度测量，采用直角坐标法和角度交会法，首先将园路中轴线上各处的中心点和轴心点测设于地面相应点位上。然后在这些点位上都钉上小木桩，并写明桩号。以同样的方法，确定园林边界线上所有转折点在地面上的位置，并钉下控制桩。

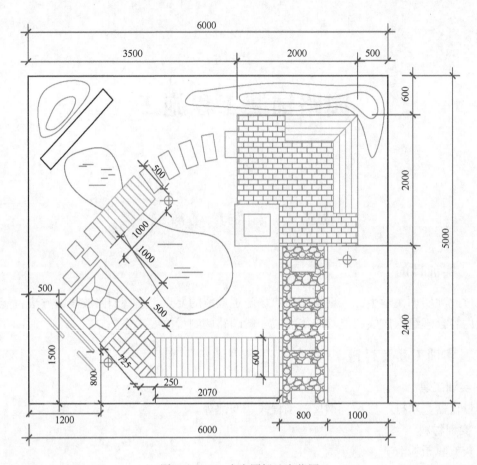

图 7-1　××小庭园场地定位图

2）定线。施工放线的方法多种多样，可根据具体情况灵活采用。此外，放线时要考虑先后顺序，以免人为踩坏已放好的线。

3）定中心线与轴线。根据已定的各中心桩和轴线桩，将设计图纸上的园路、广场、水池及其他构筑物等的中心线及纵横轴线在地面定下来。定线的方法，是在中心线、轴线的延长端加设木桩作端点控制桩，控制桩与中心桩、轴线桩之间的连线，就是地面上的中心线或轴线，轴线控制桩采用龙门桩。

4）定边界线。用绳子将园路边界转折点的控制桩串联起来，再用白灰沿着绳子画线，即可放出园路的边界线。

5）平面放线。根据中心点、中心线和各处中心桩、控制桩，采用简单的直线丈量方法，放出场地的边线。

（3）复核高程　对照园路竖向设计图，复核放线桩标高。各坐标点、控制点的自然地坪标高数据，有缺漏的要在现场测量补上。

四、实训作业

4~6 人为一小组，完成本实训项目的园路放线工作。

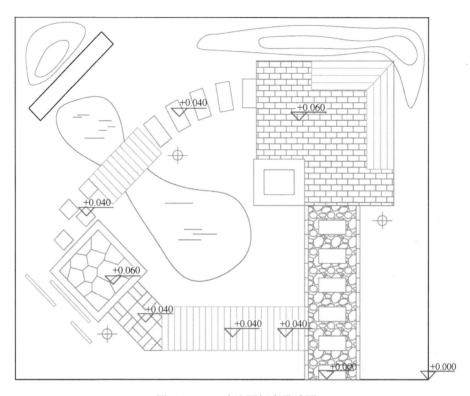

图 7-2 ××小庭园标高设计图

五、实训小结

施工放线是园路施工的基准，通过小庭园放线实训，掌握园路放线的流程与方法。在操作时应当根据场地情况选择合理的放线方法，按照合理的流程组织施工，避免出现重复或遗漏。在实际施工项目中，要严格按照施工规范与要求进行放线，并且对放线的结果进行复核。

六、实训评价

序号	考核项目	评价标准				等级分值			
		A	B	C	D	A	B	C	D
1	施工准备完整、有序	优秀	良好	一般	较差	10	8	6	4
2	放线步骤合理，结果准确	优秀	良好	一般	较差	70	60	50	40
3	标高控制准确	优秀	良好	一般	较差	10	8	6	4
4	实训态度积极，按时完成	优秀	良好	一般	较差	10	8	6	4
考核成绩（总分）									

七、实训拓展

根据教学实际情况选择适当园路施工图进行放线训练。

任务2 园路基础施工

一、实训目的

通过此项实训使学生理解园路基础的结构、材料等知识，掌握园路基础的施工工艺流程与方法，能够根据施工图合理组织园路基础的施工，并对施工质量进行检测，具备园路基础施工及其组织管理能力。

二、实训工具及材料

1. 实训工具

铁锹、木桩、皮尺、工程线、木（石）夯、抹子、模板，压实机械。

2. 实训材料

河砂、碎石等。

三、实训内容及步骤

1. 实训内容

完成园路基础的施工，园路剖面图如图7-3所示。

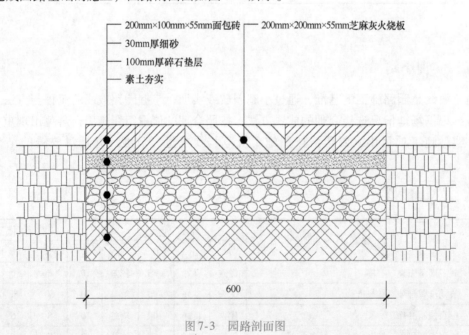

图7-3 园路剖面图

施工工艺流程如下：

路槽开挖→素土夯实→铺筑基层。

2. 实训步骤

（1）路槽开挖 一般路槽开挖有挖槽式、培槽式和半挖半培式3种，修筑时可由机械或人工进行。按设计路面的宽度，每侧放出200mm进行挖槽，路槽的深度应等于路面的厚度，槽底应有 2% ~ 3% 的横坡度。

（2）素土夯实 路槽做好后，在槽底上洒水，使其潮湿，然后用蛙式跳夯机或者人工夯实 2 ~ 3 遍，槽底平整度的误差不得大于 20mm。

（3）铺筑基层 摊铺碎石→压实。根据要求选用强度均匀、未风化和无杂质的碎石，进行分层均匀摊铺。碎石基层表面空隙应用粒径 5 ~ 25mm 的细石子填补，采用大平板振动器夯实，夯实后的厚度不应大于虚铺厚度的 3/4，要求厚度一致。

四、实训作业

4 ~ 6 人为一小组，完成本实训项目的园路基础施工。

五、实训小结

园路基础根据不同的设计可采用不同的材料进行铺筑，本实训项目根据教学条件，对园路基础的内容进行了简化。在实际施工项目中应当根据设计图纸、不同材料基层的施工规范进行施工。

六、实训评价

序号	考核项目	评价标准				等级分值			
		A	B	C	D	A	B	C	D
1	施工准备完整、有序	优秀	良好	一般	较差	20	16	12	8
2	路槽开挖符合要求、素土夯实达到标准要求	优秀	良好	一般	较差	30	25	20	15
3	碎石基层铺筑稳固，达到设计要求厚度，偏差不超过该层厚度的 10%	优秀	良好	一般	较差	40	35	30	25
4	实训态度积极，按时完成	优秀	良好	一般	较差	10	8	6	4
考核成绩（总分）									

七、实训拓展

根据教学实际情况选择适当园路施工图进行基础施工训练。

任务3 铺装面层施工

一、实训目的

通过此项实训使学生掌握路面铺装的设计、材料等知识，掌握块料路面铺装的施工工艺流程与方法，能够合理组织施工，并对块料路面园路的施工质量进行检测，具备园路施工及其组织管理能力。

二、实训工具及材料

1. 实训工具

铁锹、木桩、皮尺、工程线、抹子、瓦刀、石材切割机。

2. 实训材料

200mm×100mm×55mm 面包砖，200mm×200mm×55mm 芝麻灰火烧板，细砂。

三、实训内容及步骤

1. 实训内容

完成块料路面园路面层的施工，图 7-4 所示为园路铺装大样。

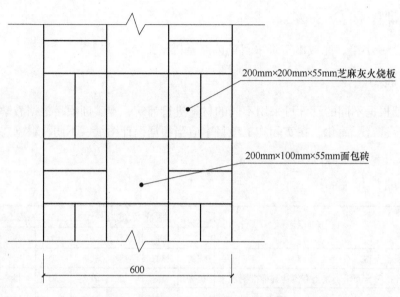

图 7-4　园路铺装大样

施工工艺流程如下：

施工准备→测量放线→铺筑结合层→铺筑面层→清理。

2. 实训步骤

（1）材料准备　根据设计要求及铺贴方法，准备好各种材料及其辅助材料。块料面层要求规格一致、平整方正，无缺棱掉角，无开裂，无凸凹扭曲，颜色均匀。

（2）铺装放线　在完成的路面基层上，重新定点、放线，根据设计标高、路面宽度定放边桩、中桩，打好边线、中线。

（3）铺筑结合层　在园路基层上摊铺 35mm 厚的细砂，作为结合层。

（4）铺筑面层　面层铺贴时从一侧开始，逐行拉线。在路面的边界或交界处不能使用整块砖时，可将路面砖切断后使用。路面砖可采用切割机切断，要求切口平直。铺贴时，按控制线位置铺贴，将地面铺平，用橡皮锤轻击使其与路基结合紧密，同时调整其表面平整度及缝宽。

四、实训作业

4~6 人为一小组，完成本实训项目的园路面层施工。

五、实训小结

铺贴面层块料时要安平放稳，用橡皮锤敲打时注意保护边角。发现不平整时应重新拿起块料用细砂找平，严禁向块料底部填塞砂土或支垫碎砖块等杂物。接缝应平顺。

六、实训评价

序号	考核项目	评价标准				等级分值			
		A	B	C	D	A	B	C	D
1	施工准备完整、有序	优秀	良好	一般	较差	10	8	6	4
2	铺装放线合理、准确	优秀	良好	一般	较差	10	8	6	4
3	标高控制准确	优秀	良好	一般	较差	10	8	6	4
4	面层稳固、无空鼓	优秀	良好	一般	较差	20	18	16	14
5	块料对缝整齐、铺装缝隙一致	优秀	良好	一般	较差	20	18	16	14
6	块料完整，无缺角、破边	优秀	良好	一般	较差	10	8	6	4
7	路面平整	优秀	良好	一般	较差	15	12	9	6
8	实训态度积极，按时完成	优秀	良好	一般	较差	5	4	3	2
考核成绩（总分）									

七、实训拓展

根据教学实际情况选择适当园路施工图进行整体园路路面、碎料园路路面的施工训练。

项目 8

假山塑山工程施工

任务1 假山施工

一、实训目的

通过此项实训理解天然假山施工的工序；掌握天然假山施工的技术要领。

二、实训工具及材料

1. 实训工具

测量放线仪器、假山施工工具，如绳索、杠棒、撬棍、榔头、起重机、吊秤起重架、起重绞磨机、手动铁链葫芦、抹刀。

2. 实训材料

施工图纸、水泥、石灰、砂、颜料、铁耙钉、银锭扣、铁吊架、铁扁担、大麻绳。

三、实训内容及步骤

1. 实训内容

假山叠石工程是指采用自然山石进行堆叠而成的假山、溪流、水池、花坛、立峰等工程，不包括塑山（塑石）工程。

1）分析天然假山的施工工序。

2）进行某天然假山的施工图绘制和施工。

2. 实训步骤

施工流程：施工准备→施工放样→基础施工→假山叠石→假山叠石勾缝→验收。

（1）施工准备

1）学生应分组完成假山工程主要设计工程图，严禁无图施工。

2）应根据实训现场核对其平面位置及标高。如有不符，应做变更设计。

3）假山石质量要求。

①假山工程常用的自然山石，如太湖石、黄石、英石、斧劈石、石笋石及其他各类山石的块面、大小、色泽应符合设计要求。

②孤赏石、峰石的造型和姿态，必须达到设计构思和艺术要求。

③选用的假山石必须坚实，无损伤，无裂痕，表面无剥落。

4）假山石运输。

① 假山石在装运过程中，应轻装、轻卸。山石备料数量的多少，应根据设计图估算出来。

② 特殊用途的假山石，如孤赏石、峰石、斧劈石、石笋等，要轻吊、轻卸；在运输时，应用草包、草绳绑扎，防止损坏。

③ 假山石运到实训现场后，应进行检查，凡有损伤或裂缝的假山石不得作面掌石使用。

5）假山石选石。施工前，应进行选石；对山石的质地、纹理、石色按同类集中的原则进行清理、挑选、堆放，不宜混用。

6）假山石清洗。施工前，必须对实训现场的假山石进行清洗，除去山石表面积土、尘埃和杂物。

（2）施工放样　施工放样按设计平面图确定的位置与形状在地面上放出假山的外形形状，一般基础平面比假山外形要宽。经复核后，方可施工。

（3）基础施工　根据放样位置进行基础开挖，开挖应至设计深度。在假山工程中，根据地基土的性质、山体的结构、荷载的大小等分别选用灰土基础、浆砌块石基础、桩基础、混凝土基础。基础表面应低于近旁土面。

（4）假山叠石

1）应在基础范围内做山体轮廓放样，然后进行山石起脚。

2）假山堆置后，其山势应达到设计图和设计说明的要求，具有整体感。应注重石色、纹理一致，形体自然、完整。

3）假山山洞必须按设计图施工。洞壁凹凸面不得影响游人安全。洞内应注意采光，不得有积水。

4）假山的登山道走向符合图纸，登道踏步面石铺设平整牢固，台阶高度适宜。不得有任何山石伸入登山道或道路的宽度内。

5）假山瀑布出水口宜自然，瀑身的形式应达到设计规定。

6）溪流驳岸叠石，应体现溪流的自然特性，汀步安置应稳固，面石平整。

7）水池及池岸、花坛边的叠石，造型应体现自然平整，山石纹理或折皱处理要协调。路旁以山石堆叠的花坛边，其侧面及顶面应基本平整。

8）孤赏石、峰石宜形态完美，具有观赏价值。安置时应注意面掌的方向，施工时必须注意重心，确保稳固。

9）叠石工程必须按照设计图施工，壁石与地面衔接处应浇捣混凝土黏合，墙面上的壁石必须稳固，其厚度及体量应严格控制，并对壁石采用预埋铁件钩、托等多种技术方法进行施工。

10）散置的山石应根据设计意图摆放，不得随意堆置。所有散置山石，必须安置稳固。

11）假山叠石施工，应有一定数量的种植穴，留有出水口。

12）假山石的搭接应以山石本身的相互嵌合为主，在施工中各缝隙应用设计所指定的砂浆或混凝土将堆叠与填塞浇捣交叉进行。

（5）假山叠石勾缝　假山叠石整体完成后，块石之间应用高标号水泥砂浆填、塞、嵌，再进行勾缝，缝宽宜 2～3mm，并达到平整。勾缝材料应与石料颜色相近。

（6）验收　根据施工要求对本任务进行验收。

四、实训要点

（1）总则综合　工程中的假山叠石工程，应在主体工程、地下管线工程等完成后，方可进行施工。大、中型假山工程必须根据本规程制订施工组织设计。假山叠石工程中的基础部分应与土建相关的施工规程相符合。

（2）假山选材

1）硬质类石材的基本特点。

① 石材密度大，质地硬脆，不宜雕琢与加工。

② 质感枯涩、少光泽。

③ 石色因原产地所处位置，所含杂质以及风化程度不同等而有所色差。一般来说，地处水中者，色泽青黑或微青黑（如：南京龙潭石）；地处山土中者，色泽随泥土色泽浓淡、积渍时间长短以及埋置部位不同而有所差异（如：苏州洞庭西山所产太湖石色泽浅灰泛白；镇江岘山石色泽黄润或灰褐；江苏宜兴石色泽黑黄或白色）。

④ 有淋溶现象，且面层多坳坎（俗称弹子窝）。外露石，因石材成分不均匀而风化程度及速度也不尽相同，导致面层多坳坎现象。风化甚者，则出现嵌空穿眼。一般来说，水中石风化速度 > 盖帽石 > 土埋石。水中石主要受风浪及水分溶融作用；山土石主要受大气风化（日晒、风吹、雨淋、霜打、雪压、冻涨）作用。

⑤ 质量标准：概为"瘦、透、露、皱、丑、怪"六字方针。古人云：丑到极处，美到极处。据明代计成所著《园冶》记载：太湖石为最，其中又以苏州洞庭西山消夏湾的太湖石为极品。其中，凡有弹子窝者，因石材致密，质地硬脆，且有共鸣体而扣之略有声。

⑥ 有碳酸盐反应：用盐酸滴于石上，有起泡反应现象。

2）软质类石材的基本特点。

① 石材密度较小，质地疏松泡软，宜于雕琢与加工，无纹理、宜风化。

② 质量轻，吸水力强。

③ 石色土黄，或泛白、泛青灰。

④ 扣之无声。

⑤ 石面常有砂眼或相嵌砾石，如镶嵌卵石的白果笋形似银杏白果而得名。

图 8-1　重庆三峡景石钢笼装运法

（3）山石装运　按照石材品质高低选择具体装运方法，如缠麻法、缠草法、钢笼法，如图 8-1 所示。

（4）立基

1）地基容许承载力必须满足假山石材总重量要求。

2）根据立基实际情况选择合理的埋至深度。

3）基础类型选择，施工方法等可参见《园林工程施工技术》教材。

（5）施工准备　主要指选石备料、结构材料准备、施工机具准备三个部分，如图 8-2 所示。

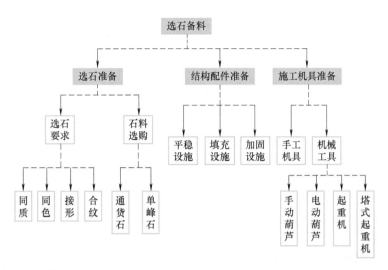

图8-2　施工准备

1）选石备料。

①同一座假山宜选择同质同色石，切忌乱石搭配。

②同一座假山宜选择接形合纹石，以便后续工程的正常延续。

③同一座假山宜分开选择通货石、单峰石。前者用于主体垒山，后者用于收顶或单列单置造景。

2）结构材料准备，又称平稳设施材料准备。为了安稳假山叠石，必须准备一些"打刹片""打刹块"等同质、同色或同纹配石，如图8-3所示。

3）填充设施材料准备。

4）施工机具准备。自然山石比重平均为2.7t/m³，施工时必须以机械为主、人工为辅，挖掘机在短距离山石运输时，须挂绳牢固，离地运输。切忌拖拽运输。塔式起重机在山石吊置前，必须先自身校稳安置后再进行塔式起重机选型，必须超过最大山石额定重量才行，确保安全无误，如图8-4所示。

图8-3　邻州广场大假山

图8-4　山石运输

（6）拉底、做脚　假山拉底，又称为假山做脚，是在基础之上铺置最底层的自然山石。拉底，为山石"叠筑之本，造型之始，定格之初，体量之基"，故十分重要。

1）拉底施工注意事项。

① 拉底石，宜坚实、宜强硬；不宜风化、不宜尖锐。

② 统筹置放：按照假山组景空间设计要求，确立主观赏面的"主次关系、场景关系、层放关系、阴阳相背关系以及地形标高关系"等。照顾主要，简化次要，如图8-5所示。

③ 曲折错落：假山石拉底轮廓线，忌平直，宜曲折；忌规则，宜自然；忌平面，宜错落。

④ 平面处理：假山石拉底平面布置，应注意"不同间距、不同转折、不同宽度、不同角度、不同半径、不同走向"等的自然变化。即平面走八字，石基盘座底；平面S形，虚实自然成；平面曲尺形，层出不穷感，如图8-6所示。

图8-5　统筹置放　　　　　　　　　图8-6　平面处理

⑤ 断续相间：假山石拉底所构成的外观，不是"连绵不断、整体封闭"的，而应是"一脉将止，一脉又起"的自然变化特征，留有余地，便于"起泛"。即下断上连、此断彼连、纹断气连、石断沟连。用石之大小和方向，应视石之纹理延展特点而定，如图8-7所示。

⑥ 紧连互咬：假山石拉底在外观上尽管断续有序，但结构上必须一块紧连一块，"块块相咬、严丝合力"。结构稳重，假山体才能牢固。

⑦ 垫平稳固：假山石拉底时，大多数要求基石"大且平坦向上"，以便后续叠筑施工，所以容易形成"下部山石过大，垫片少；上部山石过小，垫片多"的不利局面。

图8-7　断续相间

⑧ 南北有别：为了保持山石平稳，我国北方多采用"满拉底石"的做法，即在假山基础上满铺一层拉底，构成整体性石底；南方则采用"先拉周边底石再填芯"的拉底做法。

2）做脚。指采用自然山石堆叠山脚的工序总称。即在掇山施工大体完成后，于紧贴"拉底石"外缘观赏部分进行山脚景观处理，以弥补拉底石造型缺陷。

做脚原则：形断势连、势断气连、不可分割、整体延续。

技术要求：石实、坚硬安稳，安排宜小不宜大、宜收不宜放，定点、摆线要准确。

（7）假山结体

① 分石分质：优选当地盖帽石，其他开采石次之。在施工时须注意分开放置；坚持"一面景"选石标准。所选的石块至少能有一面具有可观赏价值；进场石料应沿着施工现场呈四周有序地竖条形排放，条与条之间需留出施工通道，以便运石，如图 8-8 所示。

每一块石料都应观赏面朝上（或朝外）单放，即石与石之间不能挤靠在一起，更不能乱堆放置。

② 相石拼叠：假山石结体技术就是"相石拼叠"技艺的实际运用，其过程为：相石选石→想象拼叠→实际拼叠→造型相形，如此往复循环，直到整体堆叠完成，如图 8-9 所示。

图 8-8　分石分质

图 8-9　相石拼叠

③ 接石压槎：山石上下的衔接需"石石相接、严密合缝"。除有意识地大块面闪进以外，避免在下层石上面闪露一些很破碎的石面，如果是为了做出某种变化故意留槎，另当别论。

④ 偏侧错安：在下层石面之上，有时为了破除对称形体造型的平滞感，应将安石叠放于一侧，即向一侧突出叠石。景观上即避免了四方形、长方形、三角形，又因偏置错落而个性增强，同时也为叠石向旁侧的自然延伸创造了布置条件，如图 8-10 所示。

⑤ 石立避闸：将板状山石直立拦水者，谓闸。山石叠筑可立、可卧，但切忌像闸门一样设置，因其极难与他石相伍，生硬呆板，不协调，稳定性差，如图 8-11 所示。

图 8-10　偏侧错安

图 8-11　石立避闸

⑥ 等分平衡：明代造园家计成在《园冶》中写到的"等分平衡法"和"悬崖使其后坚"便是此法要领。无论是挑、挎、悬、垂等，凡是假山石有重心偏移叠筑者，均应采用数倍之石作为重力"压置调整"才行，使其重心重新调整到安石重心线之上，得之安稳，如图 8-12 所示。

⑦ 靠压不靠托：山石叠拼无论体量大小，都是靠山石本身重量相互挤压、咬合而稳固，水泥砂浆只起一种黏合稳固作用，如图 8-13 所示。

图 8-12　等分平衡　　　　　　　　　　　　　图 8-13　靠压不靠托

⑧ 怕磨不怕压：当假山石叠置数层之后，若其上再进行叠加，切忌随意拖移对其位置进行校对，而是应将整块石料悬空起吊进行移位。磨动山石极易引起整个山体倒塌。

⑨ 玲珑巧安。计成在《园冶》中提到：假山石"玲珑巧安"。通过巧"安"使山石不足之处得以重组而获得观赏性，如图 8-14 所示。

⑩ 斗拱定向：在双基脚与安石结体时，需注意定向造景，构成"乳花门""乳花洞"景观，如图 8-15 所示。

⑪ 连石互盼生情：假山石块之间在水平向可以任意连接，如纹理连接、节理面连接等。顾盼连接，由此及彼竖向接根：竖向之间结体时，需注意"一体化"结构处理，确保安全，如图 8-16 所示。

图 8-14　玲珑巧安　　　　　　图 8-15　斗拱定向　　　　　　图 8-16　连石互盼

无论哪一种结体方式，都必须注意：安石与坐石间的质地、色泽、阴阳向背、皱纹、节理面、风化程度、新旧程度等因素，应完全一致，即石不可杂、纹不可乱、块不可匀、缝不可多、凹凸兼顾、疏密虚实适宜。

（8）收顶　假山收顶石做法如何，常决定着假山施工质量的造景功效如何。从力学角度上看，收顶置石在于稳固；从景观功效上看，收顶置石在于艺术性构图。收顶注意事项如下：

① 首选单峰石作为收顶石。峰顶石安放，要懂得平衡法的原理，才能设置不至失败。如果稍有倾斜，时间越久，则更加倾斜，如图 8-17 所示。

图 8-17　峰顶石安放

② 斧立峰"上大下小"的独特险意造型，需格外注意结体安全性。

③ 流云峰需注意线条动态一致性。

④ 斜劈峰需注意动感一致性艺术处理，如图 8-18 所示。

⑤ 悬垂峰需注意结体安全性。

⑥ 莲花峰需注意"势如莲花绽开，此起彼伏，层次感较强"的造型，如图 8-19 所示。

⑦ 笔架峰需注意"峰谷高低错落，呈笔架状"的造型，如图 8-20 所示。

⑧ 剪刀峰需注意"峰间犬齿交叉错落，酷似剪刀状"的造型。

⑨ 单峰石收顶，应放在最安全且不易磕碰到的地方。单峰石以单块成形，四面均可观赏者为极品；三面可观赏者为上品；前后两面可观赏者为中品；一面可观赏者为末品。

⑩ 峦式顶宜错综叠成。平式顶宜平卧、宜悬挑，如图 8-21 所示。

图 8-18　斜劈峰　　　　图 8-19　莲花峰　　　　图 8-20　笔架峰　　　　图 8-21　峦式顶

（9）绿化装饰　设置种植池：在叠筑山石时，就应预留种植池，填土配置植物。

五、实训作业

1）4～6 人一组，以小组为单位进行假山施工图（详见电子资源 19）设计。要求具体规范参见《风景园林制图标准》（CJJ/T67—2015）。

① 平面图：包括表明山石平面位置、尺寸；山峰、制高点、山谷、山洞的平面位置、尺寸及各处高程；山石附近地形及构筑物、地下管线及与山石的距离尺寸；植物及其他设施的位置、尺寸；图纸的比例尺为 1:20 ~ 1:50。

② 剖面图：包括表明山石各山峰的控制高程；山石基础结构；管线位置、管径；植物种植池的做法、尺寸、位置。

③ 立面图或透视图：包括表明山石层次、配置形式；山石大小与形状；与植物及其他设备的关系。

④ 做法说明：包括堆石手法，接缝处理，山石纹理处理，山石形状、大小、纹理、色泽的选择原则。

2）每组根据设计的施工图完成天然假山的施工，并编制假山施工方案。内容包括：项目概况、施工准备工作、施工方法、施工进度计划、合理化建议。

六、实训评价

序号	考核项目	评价等级				等级分值			
		A	B	C	D	A	B	C	D
1	假山平面图	优秀	良好	一般	较差	10	8	6	4
2	假山剖面图	优秀	良好	一般	较差	10	8	6	4
3	假山立面图或透视图	优秀	良好	一般	较差	10	8	6	4
4	假山施工方案	优秀	良好	一般	较差	20	18	16	14
5	假山施工的规范性	优秀	良好	一般	较差	20	18	16	14
6	操作的熟练性	优秀	良好	一般	较差	10	8	6	4
7	最终结果	优秀	良好	一般	较差	15	12	9	6
8	实训态度积极，按时完成	优秀	良好	一般	较差	5	4	3	2
考核成绩（总分）									

任务 2 景 石 施 工

一、实训目的

通过此项实训使学生理解景石施工的工序；掌握景石施工的技术要领。

二、实训工具及材料

1. 实训工具
测量放线仪器、撬杠、镐头，可提供汽车起重机、挖掘机。

2. 实训材料
施工图纸、假山石；填充料：沙石、卵石、毛石、块石、碎砖石；各种砂浆、混凝土（用于基础或垫衬）；钢丝绳、铁锁、麻绳、手套、安全帽、哨子或旗子、警示牌、警戒线等。

三、实训内容及步骤

1. 实训内容

景石是指不具备山形，但以奇特的怪石形状为审美特征的石质观赏品。景石与假山一样，都是园林中的重要景物形式。景石摆放常结合植物、水体、建筑、道路与广场、地形组成各种园林景观，如图8-22所示。

1）分析景石施工的工序。

2）进行某景石的施工图绘制与施工。

2. 实训步骤

施工流程：石料准备→定位放线→景石吊装→摆放→修饰→成品保护。

图8-22　景石

（1）石料准备

1）石料的选购：选石前，应首先熟知石性、石形、石色等石材特性，其次应准确把握置石的环境，如建筑物的体量、外部装饰、绿化、铺地等诸多因素。据设计意图确定石材种类，选择具有原始意味的石材。如：未经切割过，并且显示出文化痕迹的石头；被河流、海洋强烈冲击或侵蚀的石头；生有锈迹或苔藓的岩石。具有动物等象形的石头或具有特殊纹理的石头最为珍贵。纯粹的圆形或方形等几何形状的石头或经过机械打磨的石头均不为上品。

2）石料的运输：最重要的是防止石料被损坏，在装卸过程中，要尽力保护好石料的石皮（自然石面）。

3）石料的分类：石料运到工地后应分块平放在地面上，以供"相石"方便。然后将石料分门别类，进行有秩序的排列放置。要使每一块石料的大面，即最具形态特征的一面朝上，以便施工时不需翻动就能辨认和取用。

（2）定位放线　按设计图纸确定的位置与形状在地面上放出景石的外形形状。一般基础施工比景石的外形要宽，特别是在景石有较大幅度的外挑时，一定要根据景石的重心位置来确定基础的大小，需要放宽的幅度会更大。

（3）景石吊装　景石吊装可采用起重机或挖掘机，选好运输路线，注意起重机的平衡。施工时，及时分析景石主景面，定好方向，并预先摆置好起重机，吊装时要选派专人指挥，统一负责。景石吊到车厢后，要用软质材料（如黄泥、稻草、甘蔗叶等）填充，山石上原有泥土杂草不要清理。整个施工现场注意安全。

（4）摆放　必须建立在安全的基础之上，混凝土施工要按设计要求的标号严格执行。置石放置应以重心平衡堆放，力求平衡稳定，给人自然的感觉。石组中的景石的最佳观赏面均应当朝向主要的视线方向。对于特置，其特置石安放在基座上固定即可。对于散置、群置一般应采取浅埋或半埋的方式安置景石，定后可填充块石，并用水泥砂浆充满石缝。刹片要多点受力，充分运用垫、压、钩、撑、搂、卡、接的叠石手法。注重艺术效果的同时确保牢固安全。每完成一组置石，将景石外露面进行细致清理，尽量做到整齐自然，并在景石穴周围进行回填种植土，并在施工方位内设立安全标志。

（5）修饰　一组景石布局完成后，利用一些植物搭配来加以修饰，丰富景石层次，使景石与周围的环境更好地融为一体。

（6）成品保护　景石安置后，在养护期间，应支撑保护，加强管理，放置安全警示标志，以免发生危险。

四、实训要点

1. 特置石

将形状玲珑剔透、古怪奇特、罕见大块山石特意设置的方法，称为特置。

① 位置独特。常位于庭院中央、中央花坛、道路交叉口、建筑广场、入口对景处等。

② 底盘有基座石。如须弥座、大理石座、花岗石座以及其他贴面材料座。

2. 孤赏石

孤赏石指单独置放的景观石。放置的位置如草坪中、路口、阶梯处、池中等。

① 常用于组织空间视景，如景观节点、视线焦点以及其他景点处，如图 8-23 所示。

② 底盘一般不设基座石。

3. 对置石

对置石指将两尊景石放置于相对应的位置（呈对称、对立、对应的状态）上的置石方式，称为对置。

① 对称对置石组在大小、体量、姿态、方向、布置、位置上，均具有一种对称的置石景观效果，用以强调一种"视景轴线关系"。

② 当一对非对称石组放在一起组景时，其形宜呼应，其色宜相同，其势宜协调，如图 8-24所示。

图 8-23　孤赏石　　　　　　　　　图 8-24　非对称石组

4. 散置石组

散置石组指将若干自然山石散漫设置而成的做法。

① 常用自然风化石（如自然落石、崩石、大卵石等）进行造景组合。

② 常用于点缀广场、山林、水边等特殊位置。

③ 注意散置组合顺序，前低后高、由左至右。

④ 注意石色协调搭配，散而不乱，如图 8-25 所示。

图 8-25　散而不乱

5. 群置石

群置石指以石群结构性艺术构图来作为布景手段，构成一组故事体裁；一组有机结构体；一种潜意识对话关系等。

① 路侧群石空间组景，如图 8-26 所示。

② 水体驳岸群石空间组景，如图 8-27 所示。

图 8-26　路侧群石

图 8-27　水体驳岸群石

五、实训作业

以 4~6 人一小组为单位完成景石施工图（详见电子资源 20）设计，并根据施工图完成景石施工，编制景石施工方案。内容包括：项目概况、施工准备工作、施工方法、施工进度计划、合理化建议。

六、实训小结

景石在现代园林中具有重要的构景作用，景石的摆放也应适应现代园林发展的趋势，以创造有生态效益的环境为目的，进行生态置石。景石与植物组景，用石来填充植物下部或围合根部，或用石衬托优美的树姿，使呆板、僵硬的山石线条在植物的点缀、映衬下，显得自然随意，富有野趣。景石与水体组景，水体在浑厚的石块衬托下更显轻盈、活泼、明澈，水石相依的幽静环境，令人流连忘返。景石与道路、广场的结合，组织引导游览路线，丰富景观层次，更富有趣味。

七、实训评价

序号	考核项目	评价等级				等级分值			
		A	B	C	D	A	B	C	D
1	景石平面图	优秀	良好	一般	较差	10	8	6	4
2	景石剖面图	优秀	良好	一般	较差	5	4	3	2
3	景石立面图或透视图	优秀	良好	一般	较差	10	8	6	4
4	景石施工方案	优秀	良好	一般	较差	20	18	16	14
5	景石施工的规范性	优秀	良好	一般	较差	20	18	16	14
6	操作的熟练性	优秀	良好	一般	较差	10	8	6	4
7	最终结果	优秀	良好	一般	较差	15	12	9	6
8	实训态度积极，按时完成	优秀	良好	一般	较差	10	8	6	4
考核成绩（总分）									

任务3 人工塑山（石）施工

一、实训目的

通过此项实训使学生理解人工塑山（石）施工的工序；掌握人工塑山（石）施工的技术要领。

二、实训工具及材料

1. 实训工具

测量放线仪器、假山施工工具。

2. 实训材料

施工图纸、钢筋、钢丝；填充料：沙石、卵石、毛石、块石、碎砖石；各种砂浆及混凝土（用于基础或垫衬）。

三、实训内容及步骤

1. 实训内容

① 分析塑石假山施工的工序。

② 进行某塑石假山的施工图绘制和施工。

2. 实训步骤

人工塑山（石）的施工工序：整理、平整地形→放线→基础施工→基架设置→铺扎钢网→打底及造型→抹面及上色。

1）整理地形、平整土地、填土、夯实。

2）放线：按设计图要求，在实地放线，确定塑石的具体施工位置和底面形状。

3）基础施工：开挖基础，铺垫碎石，浇注素混凝土基础。

4）基架设置。

① 焊接角钢骨架。骨架应保证塑石结构合理、牢固可靠，并做防锈处理。

② 焊接塑石表面层钢筋网。表面层钢筋网焊接十分重要，要按塑石的造型构想焊接，满足总体布局要求，并要求焊接牢固。

5）铺扎钢网。塑石表面满铺钢网，要求绑扎牢固。

6）打底及造型：塑石第一层批趟，采用高强度砂浆批趟。塑石第二层批趟，除采用高强度砂浆批趟外，还要初步做出塑石表面纹理。

7）抹面及上色：表面着塑石石色。依石色，分数遍进行。

四、实训要点

1. 人工塑山（石）设计

强调手绘假山意境造型。

1）以横纹理为主、竖纹理为辅的假山设计。强调：表现山体潇洒豪放、崇山峻岭、稳重顽夯的山势意境，如图 8-28 所示。

图 8-28　横纹理为主、竖纹理为辅

2）以竖纹理为主、横纹理为辅的假山设计。强调：峻峭挺拔、高耸宏伟的山势意境，如图 8-29 所示。

3）综合纹理的假山设计。强调：表现山体浑厚壮丽、工笔写意的山势意境。

2. 人工塑山（石）模型制作

首先要按设计方案塑好模型，使设计立意变为实物形象，以便于进一步完善设计方案。模型常以1:10～1:50 的比例用石膏制作（也可以用泡沫、混凝土制作）。

图 8-29　竖纹理为主、横纹理为辅

3. 人工塑山（石）结构制作

包括砖混砌体法、挂网法、GRC 技术等。

（1）砖混砌体法　砖混砌体法指利用泡沫砖砌筑成形的人工塑石假山类型。特点：造型任意、施工方便、结构性弱、体型浑厚、体量硕大。

实训要点：按照设计图放线，于主要受力部位（包括种植槽、造型节点）砌筑主骨架。必要时，适当增加槽钢、角钢以及钢筋笼等结构体，如图 8-30 所示。

填充泡沫砖时，必须"做实填充"，造型填充时也是同样如此。

（2）挂网法　挂网法指利用钢筋编笼的办法进行山体造型，然后再进行表面艺术着麻、着灰、着色处理的人工塑石假山类型。特点：造型任意、结构性好、体型圆润。

按照设计图放线，编钢筋笼（俗称挂网）。如图8-31所示，于主要受力部位（包括种植槽、造型节点）增加槽钢、角钢以及钢筋笼等主要受力结构体，将粗麻布作为底衬绑扎于钢筋网内，并用细铁丝绑扎牢固，采用42.5级水泥＋青石粉＋水调配成较干的高标号水泥石粉浆，进行分层涂抹造型。

图8-30　砖混砌体法人工塑山（石）

图8-31　挂网法人工塑山（石）

表面抹灰基本做法：用手"抓、甩、抹、压、捏、挤、卡、撑"等技巧将水泥石粉浆（干浆）逐层涂抹至挂网表面，如图8-32所示。

（3）GRC技术　GRC技术又称为"耐碱玻璃纤维同心喷铸技术"，指将抗碱玻璃纤维加入到低碱水泥砂浆中，经过硬化处理后产生的高强度复合物。

实训要点：

1）选择野外纹理好的自然岩石，进行石膏翻模取样制成"内模"。

2）根据"内模"造型进行高强水泥（1份）＋河沙（或石英砂）（1份）＋耐碱玻璃纤维（1.2kg/m²）＋脱模剂（≤1%）＋速凝剂（≤1%，冬季使用）的GRC假山石造型喷筑，并成形。喷铸厚度以1cm多为宜，成形后即风干待用。本批次喷铸完成后，应即可冲洗料桶和喷枪，以备再用。

3）现场挂网拼装成形，如图8-33～图8-35所示。

图8-32　表面抹灰

图8-33　现场挂网拼装成形（一）

图 8-34　现场挂网拼装成形（二）

图 8-35　现场挂网拼装成形（三）

4）将工厂生产好的 GRC 假山拓片成品，按照假山设计图纸要求进行现场焊接组装，然后再进行整体造型装饰和艺术处理。

5）GRC 每一张片材的金属焊接件数量不得少于每侧 2 个，以便彼此焊接牢固。

6）在组装焊接后，需采用相近的材料对接缝进行伪装和隐蔽处理，如图 8-36 所示。

7）GRC 在组装完成后，其表面应统一喷假山面饰色浆材料，其配色按照设计要求而定。

附注：GRC 仿真假山鉴赏如图 8-37 和图 8-38 所示。

图 8-36　伪装和隐蔽处理

图 8-37　GRC 仿真假山鉴赏（一）

图 8-38　GRC 仿真假山鉴赏（二）

4. 人工塑山（石）着色处理

（1）塑红石假山

1）饰面方案Ⅰ：铁红粉＋108胶＋水泥→三道抹面→勾勒纹理→刷聚胺脂→成形。

特点：山体铁红自然，装饰艺术性强，适用于绿色背景条件下的景观打造，如图8-39所示。

2）饰面方案Ⅱ：水泥砂浆（或纯浆）罩面三道→通刷还氧树脂胶→洒红沙＋石英砂→成形。

3）饰面方案Ⅲ：水泥砂浆（或纯浆）罩面三道→赭石色丙烯颜料＋水泥逐层高压喷染→成形。

4）注意事项：

① 当使用普通水泥配色时，山体色泽表现出较暗且深沉。当使用白水泥时，则山体色泽表现为亮且泛白。

图8-39　塑红石假山饰面方案Ⅰ

② 色浆中可以通过调配适量墨汁、氧化铬绿及面粉等，以求石面陈旧、长青苔的景观效果。

③ 于纹理及缝隙处，可采取多刷（喷）色浆的办法来增强山体层次感和立体感。

④ 为了表现红色花岗石效果，也可予色浆中适当调配石英砂，以增强石面机理效果。

⑤ 洒染技术一定要注意均匀度与覆盖层次的区别。受光面（阳面）为较浅色，覆盖层次适当浅些；阴影面（阴面）为较深色，覆盖层次适当深些。

（2）塑黄石假山

1）饰面方案：铁黄粉＋108胶＋水泥→三道抹面→勾勒纹理→刷聚胺脂→成形，如图8-40所示。

2）特点：山体铁黄自然，装饰艺术性强，适用于绿色背景条件下的景观打造。

3）注意事项：

① 当使用普通水泥时，山体色泽较暗且深沉；当使用白水泥时，山体色泽表现为亮且泛白。

② 色浆中可以调配适量墨汁、氧化铬绿及面粉，以求石面陈旧、长青苔之效果。

图8-40　塑黄石假山饰面

③ 于纹理及缝隙处，可采取多刷（喷）色浆的办法来增强山体层次感和立体感。

④ 为了增强石面机理效果，也可予色浆中适当调配石英砂。

（3）塑青石假山

1）饰面方案：白水泥＋108胶＋氧化铬碌＋墨汁→三层抹面→成形，如图8-41所示。

2）特点：山体青石色、自然、装饰效果好。

3）注意事项：

① 青石色泽的深浅，以调节墨汁量的多少来控制。

② 色泽中加入适量面粉，可获得石面陈旧、长青苔之效果。

③ 青石色泽中可适当加入铁红粉，以获得铁锈色斑痕。

（4）塑白石假山

1）饰面方案：白水泥＋石英沙＋水→抹面→成形，如图 8-42 所示。

图 8-41　塑青石假山饰面方案　　　　　图 8-42　塑白石假山饰面方案

2）特点：山体乳白色、自然、富贵、装饰效果好。

3）注意事项：

① 自然界中的白石，多为汉白玉和宣石等。如北京房山区汉白玉、安徽马牙宣石等。

② 于石面调色中适量加入其他色，可以获得一种自然石材观感。

五、实训作业

1）实训要求。

① 在实训场或工程施工现场进行。

② 分组进行，每 8 ~ 10 人一组。

③ 实训前要做好各项准备，了解设计图纸。

2）以小组为单位完成塑石假山施工图（塑山（石）小样模型详见电子资源21）设计。

① 塑山（石）面图：包括平面位置定位、材质标注、图名与比例注写。

② 塑山（石）假山立面图：包括立面形体绘制、山峰的高程标注、植物及其他设备的关系表现、图名与比例注写。

③ 塑山（石）剖面图：包括由内及外形体绘制、材质标注、图名与比例注写。

以上具体规范参见《风景园林制图标准》（CJJ/T67—2015）。

3）完成塑石假山施工，并编制塑石假山方案。内容包括：项目概况、施工准备工作、施工方法、施工进度计划、合理化建议。

六、实训评价

序号	考核项目	评价等级				等级分值			
		A	B	C	D	A	B	C	D
1	塑石假山平面图	优秀	良好	一般	较差	10	8	6	4
2	塑石假山剖面图	优秀	良好	一般	较差	5	4	3	2
3	塑石假山立面图或透视图	优秀	良好	一般	较差	10	8	6	4
4	塑石假山施工方案	优秀	良好	一般	较差	20	18	16	14

（续）

序号	考核项目	评价等级				等级分值			
		A	B	C	D	A	B	C	D
5	塑石假山施工的规范性	优秀	良好	一般	较差	20	18	16	14
6	操作的熟练性	优秀	良好	一般	较差	10	8	6	4
7	最终结果	优秀	良好	一般	较差	15	12	9	6
8	实训态度积极，按时完成	优秀	良好	一般	较差	10	8	6	4
考核成绩（总分）									

七、实训小结

塑山（石）以自然山石为样本，仿自然石的形体和纹理，通过艺术加工，达到灵活逼真、奇特精巧和美观的艺术要求与景观效果。

项目 9

水景工程施工

任务 1　驳岸工程施工

一、实训目的

通过此项实训使学生深入了解驳岸的类型和区别，熟悉驳岸的施工流程。

二、实训工具及材料

绘图板一张，泡沫板 400mm×300mm 一张，约 20mm 厚泡沫条宽度 50~80mm 若干，速干胶水一瓶（或双面胶带），大头钉一盒，橡皮泥一盒、纸、笔。

三、实训内容及步骤

1. 实训内容

常见的水景驳岸作法有自然置石型、花岗岩型、贴临建筑外墙花岗岩型、贴临建筑外墙自然置石型等，如图 9-1~图 9-6 所示。

2. 实训步骤

1）老师讲解或视频演示花岗岩型驳岸施工工艺流程。

施工工艺流程：施工准备→基坑开挖→报检复核→砌筑基础→基坑回填→安设沉降缝→选修面石拌砂浆→砌筑墙身→填筑回填土→清理勾缝→砌筑花岗岩压顶。

如项目需要围堰，则需要做围堰处理，施工工艺流程为：围堰排水施工→挖基坑施工→驳岸施工→土方回填施工→拆除围堰、放水→清理现场。

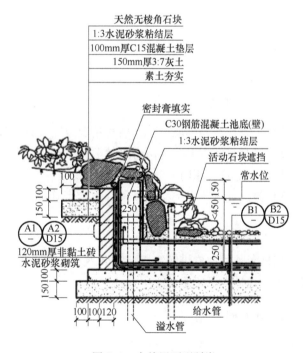

图 9-1　自然置石型驳岸
（引自 12J003-D14 室外工程）

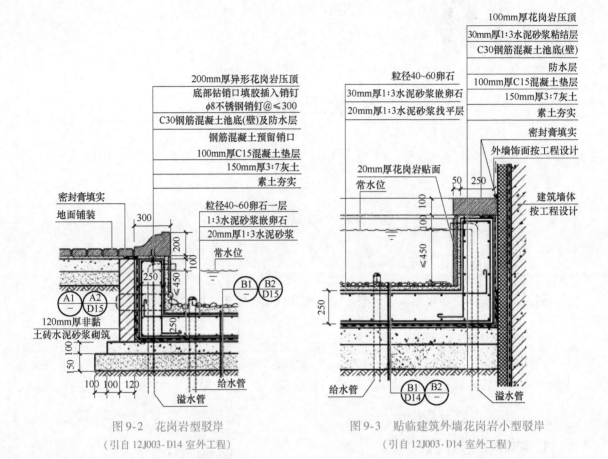

图 9-2　花岗岩型驳岸
（引自 12J003-D14 室外工程）

图 9-3　贴临建筑外墙花岗岩小型驳岸
（引自 12J003-D14 室外工程）

2）根据老师讲解的驳岸施工工艺流程，利用实训工具及材料制作自然置石驳岸的模型。

四、实训要点

1）了解什么是围堰施工，何种情况下需要使用围堰施工。

2）结合自然置石与花岗岩水池驳岸处理方式的共同点与不同点，在制作自然置石驳岸的过程中，记录其相同部分的施工要点及难点。

3）注意几种不同类型的水景都由给水管、溢水管、池底、池壁等结构组成。

五、实训作业

根据老师的课堂讲解绘制贴临建筑和非贴临建筑的水景驳岸施工工艺流程图（驳岸工程施工图详见电子资源 22）。

六、实训小结

池壁及驳岸工程是一个较为重要的单项景观工程，通过本实训，学生应掌握驳岸工程的施工工艺流程。

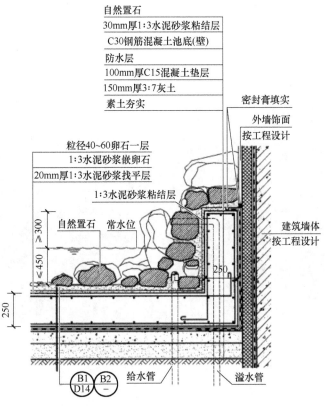

自然置石
30mm厚1:3水泥砂浆粘结层
C30钢筋混凝土池底(壁)
防水层
100mm厚C15混凝土垫层
150mm厚3:7灰土
素土夯实

密封膏填实
外墙饰面
按工程设计

粒径40~60卵石一层
1:3水泥砂浆嵌卵石
20mm厚1:3水泥砂浆找平层
1:3水泥砂浆粘结层

建筑墙体
按工程设计

自然置石　常水位

>300
≤450
250
250

B1
D14

B2
—

给水管　　溢水管

图 9-4　贴临建筑外墙自然置石小型驳岸
（引自 12J003-D14 室外工程）

图 9-5　贴临建筑外墙花岗岩水池实景图

图9-6　贴临建筑外墙自然石水池实景图

七、实训评价

序号	考核项目	评价标准				等级分值			
		A	B	C	D	A	B	C	D
1	自然置石驳岸的模型制作	优秀	良好	一般	较差	50	40	30	25
2	施工工艺流程图	优秀	良好	一般	较差	50	40	30	25
考核成绩（总分）									

八、实训拓展

滨水项目考察，根据实际情况选择适当驳岸景点进行现场教学。

任务2　护坡工程施工

一、实训目的

通过此项实训，使学生了解常见的护坡类型，熟悉自然式护坡的施工工艺流程和施工方法。

二、实训工具及材料

绘图板一张、泡沫条 400mm × 100mm × 20mm 4 条、泡沫块（50 ~ 80mm 大小）若干、

速干胶水一瓶（或双面胶带）、大头钉一盒、橡皮泥一盒，仿真草坪一块（400mm×300mm）。

三、实训内容及步骤

1. 实训内容

根据老师对施工流程及工艺的讲解，熟悉草皮及块石护坡的结构做法，掌握二者之间的相同点和不同点（见图9-7~图9-10）。

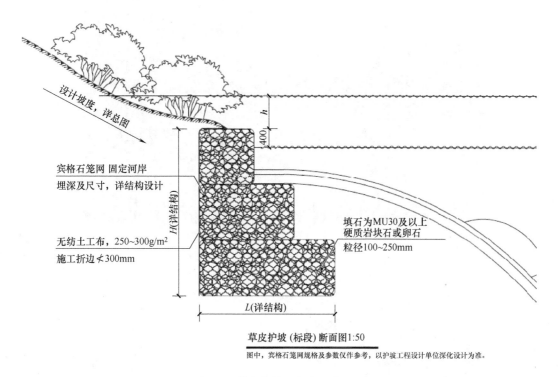

草皮护坡（标段）断面图1:50

图中，宾格石笼网规格及参数仅作参考，以护坡工程设计单位深化设计为准。

图9-7 草皮护坡（标段）断面图

2. 实训步骤

1）3~4人一组，根据老师的讲解及要求绘制出块石护坡的断面图。

2）根据块石护坡的断面图，快速拟定块石护坡施工顺序并记录其中难点及施工中需注意的要点。

四、实训要点

1）注意草皮护坡和块石护坡的区别，通过实训掌握其施工工艺流程。

2）通过实训了解常用的草皮护坡、块石护坡材料掌握在何种情况下适用于何种护坡方式。

五、实训作业

在老师带领下，根据拟定的块石护坡施工流程，完成块石护坡模型制作。

图 9-8　草皮护坡实景图

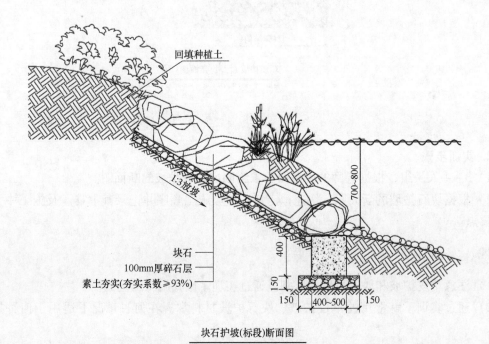

回填种植土

700~800

1:3放坡

块石
100mm厚碎石层
素土夯实(夯实系数≥93%)

400

150

150　400~500　150

块石护坡(标段)断面图

图 9-9　块石护坡（标段）断面图

图 9-10   块石护坡实景图

六、实训小结

护坡工程是一个较为重要的单项景观工程，通过本实训，学生应掌握块石护坡砌筑要点，熟悉护坡施工流程，了解常见护坡类型。

七、实训评价

序号	考核项目	评价等级				等级分值			
		A	B	C	D	A	B	C	D
1	拟定块石护坡施工顺序	优秀	良好	一般	较差	25	20	15	10
2	草皮护坡和块石护坡的区别	优秀	良好	一般	较差	25	20	15	10
3	块石护坡的模型制作	优秀	良好	一般	较差	50	40	30	20
考核成绩（总分）									

八、实训拓展

考察湿地公园，根据实际情况选择合理的护坡类型，达到安全美观的景观要求。

任务 3   喷泉工程施工

一、实训目的

通过此项实训使学生深入了解喷泉的装置原理，掌握常见的喷泉水姿类型、潜水泵供水的基本原理、基本施工工艺流程，并为喷泉选定合适的喷头。掌握喷泉潜水泵的工作原理，了解鼓泡喷泉和旱喷喷泉的基本区别。能快速组装迷你型整套潜水泵，并安装一种类型的喷头，观看效果。

二、实训工具及材料

1. 实训工具

迷你潜水泵、控制器、适配器、电源线、喷头等。

2. 实训材料

蘑菇喷头、冰塔喷头、开关直流喷头、叠蘑菇喷头、多分支喷头、凤尾喷头、鼓泡喷头、花柱喷头、玉蕊喇叭花喷头、喇叭花喷头、扇形喷头等。（图9-11~图9-21）。

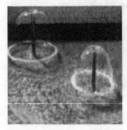

图9-11 蘑菇喷头

特点：喷出水膜均匀，水声较小，形似蘑菇

图9-12 冰塔喷头

特点：水柱向上，形似雪松或冰塔

图9-13 开关直流喷头

特点：单喷嘴，直射流，水柱可做±10°调节，安装灵活

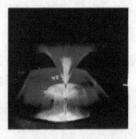

图9-14 叠蘑菇喷头

特点：像两朵大蘑菇叠合

图9-15 多分支喷头

特点：水柱中加气，泡沫丰富，在阳光下反射强烈

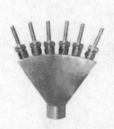

图9-16 凤尾喷头

特点：喷水造型如凤尾，水流舒展

图9-17　鼓泡喷头

特点：水柱粗壮挺拔，无吸气感，照明效果明显

图9-18　花柱喷头

特点：喷嘴形成中心水柱和两层向外辐射的抛物线形水花

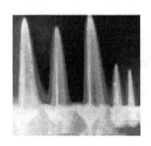

图9-19　玉蕊喇叭花喷头

特点：在喇叭形水膜中有水柱垂直喷出
形成花蕊，很像一朵盛开的花

图9-20　喇叭花喷头

特点：无风时可形成喇叭花形状

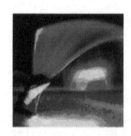

图9-21　扇形喷头

特点：喷水时水流自扁平的喷嘴喷洒，形成扇形

三、实训内容及步骤

1. 实训内容

1）某喷泉坐落于某纪念公园，设计要求以纪念性主题雕塑（高出水面2m）为主体，喷泉设计要烘托主体，喷水花形起陪衬雕塑的作用。设计喷水池直径12m，沿池壁设置有6组18个喷头（直流式仰角30°），组成一朵盛开的牡丹花。在水池与雕塑之间，分别设置6组，每组由4种喷头组成，能喷射出各种花型。采用自动控制，这些花型能自动切换变化。请补充完善喷泉系统装置图（图9-22），且为4种喷头选择合适的喷头形式，并手绘出喷泉喷头全开的立面效果图。

2）快速组装迷你型潜水泵全套装置（图9-23），并分别安装玉柱喷头和鼓泡喷头到出水口位置，以作图和文字的方式记录它们的区别。

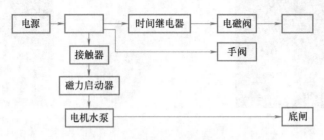

图 9-22　喷泉系统装置图

图 9-23　迷你型潜水泵全套装置
1—水泵　2—出入口　3—控制器　4—适配器

2. 实训步骤

1）根据老师的讲解补充完善喷泉装置图。

2）根据案例要求，选定合适的喷头，并手绘出喷泉喷头全开的立面效果图。

3）根据老师的讲解快速组装完成迷你型潜水泵全套装置。

4）分别安装两种不同的喷头到出水口位置，以作图和文字的方式记录它们的区别。

四、实训要点

1）根据补充完善的喷泉装置图，掌握喷头和水泵之间的工作原理。

2）根据实训内容2）的要求，掌握至少4种以上常用的喷头出水形状，并记录。

3）根据老师的讲解和作图记录，仔细观察各类喷头的出水形状，了解喷头、管道、水泵之间的物理关系。

五、实训作业

在老师的带领下认识各种喷泉喷头，将各种喷头连接在自来水龙头上，以作图的方式记录出喷头的喷水形态。总结本次实训中安装玉柱喷头、鼓泡喷头到出水口处时遇到的问题，并提出合理的解决方案。

六、实训小结

喷泉工程是一个较为复杂且全面的单项景观工程，通过本实训，学生应掌握喷泉喷头和水姿之间的关系，熟悉常用的喷头类型，了解喷泉的基本装置原理。了解各种不同类型的喷泉和水泵、喷头之间的关系。

七、实训评价

序号	考核项目	评价等级				等级分值			
		A	B	C	D	A	B	C	D
1	完善喷泉装置图	优秀	良好	一般	较差	10	8	6	4
2	喷头的选择	优秀	良好	一般	较差	40	35	30	25
3	迷你潜水泵装置组装	优秀	良好	一般	较差	30	25	20	15
4	喷头的区别	优秀	良好	一般	较差	20	16	12	8
考核成绩（总分）									

八、实训拓展

根据实际情况选择适当喷泉景点进行现场教学，选择更多类型的喷头安装到迷你潜水泵装置的出水口，并观察出水的姿态。

任务4　人工瀑布工程施工

一、实训目的

通过此项实训使学生深入理解人工瀑布的施工工艺流程，掌握基本施工的方法，能够根据设计图纸内容合理组织安排施工工序，完成简单的人工瀑布的施工工作。

二、实训工具及材料

瀑布设计图纸（图9-24）、潜水泵、PE管、PPR管、UPVC管、HDPE管。

三、实训内容及步骤

1. 实训内容

根据某人工瀑布的设计图纸（详见电子资源23）和场地情况合理地进行施工工序安排。熟悉潜水泵的工作原理。识别PE管、PPR管、UPVC管、HDPE管，并了解其使用的性能。

人工瀑布的施工工序安排应按先深后浅、先地下后地上的原则依次推进。

瀑布中的潜水泵是一种用途非常广泛的水处理工具，与普通的抽水机不同的是，它工作在水下，而抽水机大多工作在地面上。其工作原理是：开泵前，吸入管和泵内必须充满液

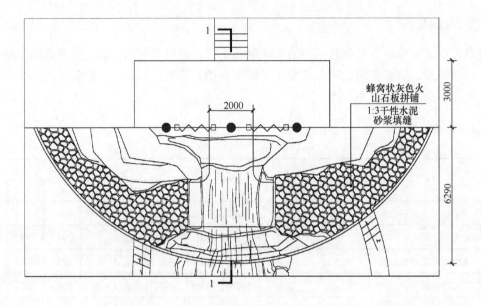

瀑布平面图

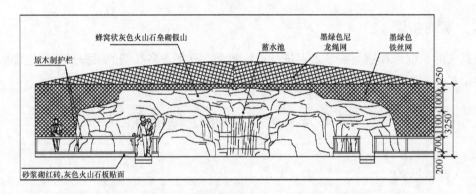

瀑布立面图

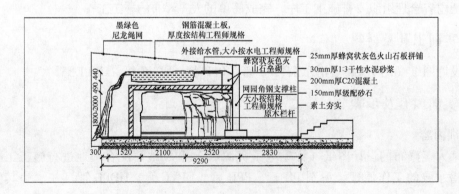

瀑布1-1剖面详图

图9-24 某人工瀑布设计图纸

体；开泵后，叶轮高速旋转，其中的液体随着叶片一起旋转，在离心力的作用下，飞离叶轮向外射出，射出的液体在泵壳扩散室内速度逐渐变慢，压力逐渐增加，然后从排出管流出。此时，在叶片中心处，由于液体被甩向周围而形成既没有空气又没有液体的真空低压区，液池中的液体在池面大气压的作用下，经吸入管流入泵内。液体就是这样连续不断地从液池中被抽吸上来又连续不断地从排出管流出的。

2. 实训步骤

1）在老师的带领下解读图 9-24，人工瀑布实景图如图 9-25 所示。

图 9-25　某人工瀑布实景图

2）根据图 9-24，完成施工组织设计横道图。

四、实训要点

1）根据设计图纸要求进行场地梳理，确定采用人工或机械方法进行场地清理，分多个作业面平行施工。清除红线范围内的生活、建筑等垃圾和有机物残渣、草皮等。对施工范围内的建、构筑物按照有关规定要求进行保护和处理。在施工工地范围内，凡有碍工程开展或影响工程稳定的地面物或地下物都应清除。

2）依据设计图纸进行施工工序的安排。

① 土方开挖。开挖时对平面控制桩、水位点、基坑平面位置、水平标高、边坡坡度等随时进行监控检查，如基坑开挖过程中遇地面渗水，采用污水泵排水处理。

土方开挖采用从上至下分层分区的方法进行，在挖至设计标高上 300mm 时停止开挖，采用人工清理至设计标高。

② 地下防水。目前地下室外防水一般采用聚酯胎 SBS 卷材防水（3 + 3）加防渗混凝土（抗渗等级不小于 P6）自防水。

防水混凝土操作工序为：作业准备→运输→混凝土浇筑→养护。混凝土浇筑应连续浇筑，宜不留或少留施工缝，底板一般按设计要求不留施工缝或留在后浇带上。

聚酯胎 SBS 卷材防水（3＋3）是基于 SBS 改性沥青为主要材料加工制成的，具有高温不流淌、低温柔度好、延伸率大、不脆裂、耐疲劳、抗老化、韧性强、抗撕裂强度和耐穿刺性能好、使用寿命长、防水性能优异等优点。它采用热熔施工法，把卷材热熔搭接融合为一体，形成防水层，从而达到防水效果。其工序为：清理大面基层→涂刷基层处理剂→细部附加层施工→第一层 3mm 聚酯胎 SBS 卷材→第二层 3mm 聚酯胎 SBS 卷材→质量验收→保护层施工。

③ 浇筑及安装工程。

浇筑及安装工程工艺流程为：管道及水泵安装布置→结构层施工→瀑体浇筑施工→养护合格→起重机进场安装→零星构件安装→涂料工程。

④ 验收。

五、实训作业

1）在老师的带领下认识潜水泵，在设计图纸中补充完善潜水泵的安装位置，为本安装工程选管（PE 管、PPR 管、UPVC 管、HDPE 管），并说明理由。

2）根据图 9-24，完成施工组织横道图的制作。

六、实训小结

瀑布工程是一项非常复杂且全面的景观工程，通过本实训，学生应掌握基本的瀑布工程施工工艺及流程，熟悉主要的瀑布施工材料及性能。在实际施工项目中，要严格按照施工规范与要求进行施工，并且按照相关规范及标准进行验收。

七、实训评价

序号	考核项目	评价等级				等级分值			
		A	B	C	D	A	B	C	D
1	潜水泵安装位置	优秀	良好	一般	较差	25	20	15	10
2	工程选管	优秀	良好	一般	较差	25	20	15	10
3	横道图制作	优秀	良好	一般	较差	50	40	30	20
考核成绩（总分）									

八、实训拓展

根据实际情况选择适当瀑布景点进行现场教学。

任务5 水池工程施工

一、实训目的

通过此项实训，使学生掌握人工水池的基本施工构造，熟悉水池常用的防水材料，了解水池迎水面和背水面防水材料的选择。

二、实训工具及材料

人工水池池底构造设计图、SBS 防水卷材、PVC 防水卷材、HDPE 防水卷材。

三、实训内容及步骤

1. 实训内容

图 9-26 和图 9-27 分别为人工水池池底迎水面和背水面的施工结构图，请补充完善结构图中缺失的内容。

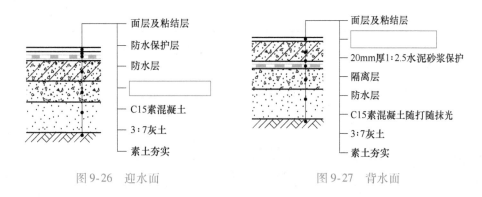

图 9-26　迎水面　　　　　　　　　　图 9-27　背水面

2. 实训步骤

1）根据迎水面和背水面的概念解读，补充完善迎水面和背水面方框中缺失的施工工艺。

2）在老师的讲解下，掌握常见水池防水材料的类型。

3）在老师的讲解下，识别 SBS 防水卷材（图 9-28）、PVC 防水卷材（图 9-29）、HDPE 防水卷材。

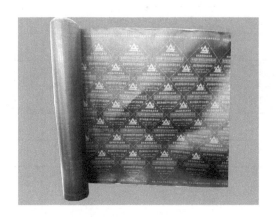

图 9-28　SBS 防水卷材

图 9-29　PVC 防水卷材

四、实训要点

概念解读：在地下水位以下或水下有水压力作用在混凝土结构面上的部位称为迎水面。

简单地说,在一个容器里面直接接触到水的那一面,就叫迎水面。现在普通的家庭涉及的防水,基本上都是迎水面施工,比如屋顶花园的施工。迎水面施工是最简单的隔绝水分子通道达到防水效果,新做防水基本都是迎水面施工。与迎水面相反,在容器没有接触水的一面,即容器的表面,叫背水面。

在老师的讲解下,掌握常见水池防水材料类型,并对我国西南地区常用的人工水池防水材料进行识别。

五、实训作业

请在表 9-1 中勾选出适合水池迎水面和背水面防水施工的材料。

表 9-1

防水类型		防水材料名称	迎水面	背水面
卷材类	普通类	弹性改性沥青防水卷材 SBS		
		塑性体改性沥青防水卷材 APP		
		高分子膜基湿铺防水卷材		
	合成高分子类	高分子自粘胶膜防水卷材		
		聚氯乙烯 PVC 防水卷材		
		三元乙丙卷材 EPDM		
	土工合成材料	聚乙烯膜土工膜 HDPE		
		非织造布复合土工膜 TPO		
涂料类	有机类	聚氨酯防水涂料(单组分)		
		丁苯胶乳防水涂料		
	无机类	水泥基渗透结晶型防水涂料		
		聚合物水泥防水涂料		
自防类	防水钢筋混凝土	水泥基渗透结晶型添加剂		
		膨胀剂、减水剂、化学纤维		
毯类	防水毯	天然钠基膨润土防水毯		
土	黏土防水			

六、实训小结

水池工程是一个非常复杂的景观工程,其类型多样、结构复杂,要求的专业知识面广,通过本实训,学生应掌握基本的人工水池结构原理,熟悉我国西南地区常用的人工水池防水材料。在实际施工项目中,要严格按照施工规范与要求进行施工,并且按照相关规范及标准进行验收。

七、实训评价

序号	考核项目	评价等级				等级分值			
		A	B	C	D	A	B	C	D
1	迎水面和背水面防水材料的选择	优秀	良好	一般	较差	70	60	50	40
2	SBS 防水卷材、PVC 防水卷材、HDPE 防水卷材的识别	优秀	良好	一般	较差	30	20	10	5
考核成绩（总分）									

八、实训拓展

根据实际情况选择人工水池施工现场进行教学。

项目 10

园林植物种植工程施工

任务 1 植物配置

一、实训目的

通过此项实训，使学生掌握园林植物艺术配置的基本概念、设计理念、设计方法、制图技术、施工指导以及管理技能等。

二、实训工具及材料

丁字尺、三角尺、万能曲线板、圆模板、绘图仪、描图笔、计算机、投影仪、测量仪器、木桩、皮尺、钢尺、工程线、白灰、铁锤等、工作台、0 号图板、1 号图板、计算机、投影仪。

三、实训内容及步骤

1. 实训内容

某庭院景观植物配置设计。

2. 实训步骤

1) 现场实地踏勘、测量、补绘或整理地形草图，收集第一手资料（注意：①保留原位名木古树、具有历史价值及意义的大树；②研究地质水文条件以及地形坡度对植物栽植的影响程度，并予以标注；③土壤条件等）。

2) 将地形草图按照比例要求（1:100 ~ 1:500）通过手绘或计算机绘制成图，以备植物艺术配置设计之用。

3) 按照《风景园林基本术语标准》（CJJ/T 91—2017）、《公园设计规范》（GB 51192—2016）以及园林空间序列景观艺术布置要求等，按照比例要求进行具体的植物艺术配置与造景设计，如图 10-1 所示（详见电子资源 24）。做到定植、定位、定量、定图形、定图例、定规格、定观赏方向、定边缘艺术处理等"八定"。

4) 编制设计说明（书），简述绿地设计类型、设计理念、设计手法、基本构图、观赏特征、植物造景功效等。

四、实训作业

1) 分组实测：学生每组 3 ~ 4 人。其中：2 人测量、1 ~ 2 人现场绘制地形草图，并标注出名木古树、具有历史价值及意义的大树的具体位置与保护区范围线。

放线依据：以现有建筑物（或墙垣、道路广场、大树等）作为放线依据，按照图纸比例要求于图中绘制出方格网图形，以备植物栽植需要。

2）整理资料：将实测内容绘制成图，并备注保护内容、理由与保护级别。

3）绘制草图：用铅笔绘制植物配置及造景设计草图，遴选出最佳方案。

4）文件成图：

① 按照图纸比例要求精制园林植物艺术配置及造景设计图。

② 图纸附注内容为《植物配置一览表》（含植物名称、图例、配置规格、数量、花期、花色、观赏特性、备注）。

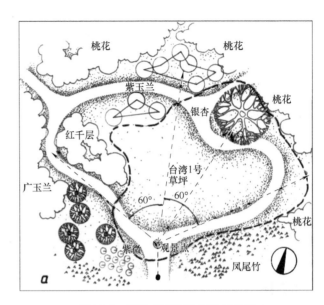

图10-1　植物艺术配置与造景设计

五、实训小结

园林植物艺术配置设计，是绿地植物造景实施的基础条件。应按照园林绿地规划类型进行基本艺术构图设计，在继承和发扬我国传统植物造园技法的基础上，与时俱进，勇于创新。并结合立地条件充分绿化，符合适地适树要求进行设计。

六、实训评价

序号	考核项目	评价等级				等级分值			
		A	B	C	D	A	B	C	D
1	绿地实测	优秀	良好	一般	较差	10	8	6	4
2	植物选择	优秀	良好	一般	较差	25	20	15	10
3	植物造景设计	优秀	良好	一般	较差	45	40	35	30
4	景观构成	优秀	良好	一般	较差	10	8	6	4
5	设计说明（书）	优秀	良好	一般	较差	10	8	6	4
考核成绩（总分）									

七、实训拓展

根据教学实际情况进行园林植物配置设计训练，如植物配置及造景设计具体应用中的艺术构图、规格选用、配置设计、指标控制、节点内涵、景观成形等。

任务 2　定 点 放 线

一、实训目的

通过此项实训，使学生掌握园林植物造景"巧于因借，精在体宜"的设计理念与基本原则。我国传统造园文化讲究：一树一经文、一树一境致、一树一标榜。园林绿地中的树，既有位置，也有精神、境界、姿态。认真放线，精心植树，应是造园成败的关键所在。

二、实训工具及材料

1. 实训工具

测量仪器、皮尺、卷尺、广线、水平仪、测距仪等。

2. 实训材料

滑石粉。

三、实训内容及步骤

1. 实训内容

园林绿地植物定点放线实训内容，主要分为乔木定点放线和花灌木定点放线两大部分。

2. 实训步骤

（1）乔木定点放线

1）交汇法定点放线。按照比例要求，对照园林植物配置设计图中的乔木具体位置，采取交汇法实施绿地平面图（X、Y）坐标点的精确推算，确定乔木定植"点"；用滑石粉画圈标注"定植点"（或采用竹、木桩"定桩"的方法标注）。一般来说，圆圈的直径大小表示乔木大小。

2）等距均分法定点放线。按照比例要求，对照园林植物配置设计图中行道树、树阵的具体位置，采取等距均分法实施精确定点放线。用滑石粉画圈标注"定植点"（或采用竹、木桩"定桩"的方法标注）。

（2）花灌木定点放线

1）不等距离均分法，又称为片植法、目测法。先按照比例要求，采用滑石粉将花灌木（或地被植物、色块）区域直接画在绿地中，然后，再将设计花灌木数量呈自然式定点放线其中。若为色块图形，则需按照设计纹样进行定点放线，如图 10-2 和图 10-3 所示。

图 10-2　定点放线　　　　　　　图 10-3　花灌木放线现场

2）方格网法。先按照比例要求，在植物配置设计图上绘制 1m×1m～2m×2m 的方格网，并将坐标原点设置在现状特殊位置处。然后，再按照比例要求直接将方格网绘制在绿地中。通过数方格网格的方式再一一确定花灌木定植的具体位置，如图 10-4 所示。

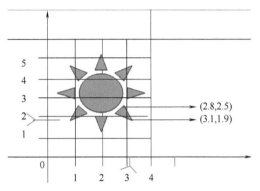

图 10-4　方格网法

3）现场模板法。采用竹条、软绳等作为放线模板，直接将设计图案测设至现场绿地中，通过直接摆放模板的方式设计图形。

四、实训要点

1）分树分组定点放线法：若绿地乔木树种不太多，可以将学生按照树种类型进行分组。如桂花组、小叶榕组、银杏组等，每一组各自独立定点放线自己的树种。

2）先大树后小树定点放线法：大树挖坑一般较小树更深些，故先定点放线大树的位置，再确定小树的位置，详见电子资源25。

五、实训小结

在园林绿地造景实践中，一般来说，大树定，基调定。所以，大树的位置、朝向、姿态、树冠、色相以及有机组合等，举足轻重，需认真定点放线。

六、实训评价

序号	考核项目	评价等级				等级分值			
		A	B	C	D	A	B	C	D
1	乔木定点放线	优秀	良好	一般	较差	60	50	40	30
2	花灌木定点放线	优秀	良好	一般	较差	40	30	20	10
考核成绩（总分）									

任务 3　植 物 种 植

一、实训目的

通过植物（含乔木、花灌木）种植实训，使学生掌握植物种植基本程序。

花灌木种植程序：定点放线→挖坑→定植→成形修剪。

二、实训工具及材料

1. 实训工具

塔式起重机、挖土机、打坑机、十字镐、铁锹、锄头、抬杠、牛皮绳、草绳、皮尺、卷尺等。

2. 实训材料

乔木、花灌木、黄沙、种植土等。

三、实训内容及步骤

1. 实训内容

植物种植。

2. 实训步骤

1）乔木栽植基本程序为：挖坑、地上（下）部疏枝修剪、栽植准备土球修整及包土团、吊装入坑、覆土、浇灌定根水、植株固定7个步骤。

2）花灌木栽植基本程序为：挖坑、定植、成形修剪3个步骤。

四、实训要点

1. 乔木栽植

（1）挖坑

1）平面坑形。平面坑形为圆形。以植树定点为圆心，以规定的直径为半径在地上画圆。坑径 = 根系（或土团）直径 + （20～30）cm

2）剖面坑形。剖面坑形为圆柱体。坑深 = 根系（或土团）直径 + （20～30）cm。

3）挖法。先在四周向下垂直挖到规定深度，再将圆心土逐渐挖去，坑底中央适当保留成一座小丘状，以利根系与土壤结合，如图10-5所示。

（2）地上（下）部疏枝修剪

1）地上部修剪。为了有效地减少植株体水分蒸发，在移栽定植前需对冠枝、叶片等进行部分修剪，其修剪量视树种而定，如图10-6所示。

图10-5　挖坑　　　　　　　图10-6　老人葵地上部分局部修剪

2）地下部修剪又称为断根处理。为了便于植株正常移植与土团包扎，需对其庞大的根系（群）进行分期分批式的部分修剪。在移植前 2～3 年，在适宜季节里切根。每年只切根一次，其修剪量视树种而定，如图 10-7 所示。

（3）栽植准备

1）栽植要求：植物种植应保持直立，不得倾斜；应注意观赏面的合理朝向，符合设计要求。

2）尽量缩短移栽时间，快掘、快运、快栽。

3）栽植之前检查坑的大小是否达到标准，若不符合标准应即刻修改。

4）栽植前进行散苗。散苗前应按设计位置将苗放置在坑边，要轻拿轻放，注意保护根系、树梢、土球不受损伤。行道树散苗要顺道路方向放置，以免横放路上影响交通、撞断树枝。散苗的位置距栽植地点越近越好。

（4）土球修整及包土团

1）土球修整。为了便于根系土团包扎，需利用锋利的铲刀对土球进行毛边修整。

2）包土球又称为土团包扎，如图 10-8 所示，定植入坑后的土球必须拆除包装物。

图 10-7　断根处理　　　　　　　　　　　　图　10-8

（5）吊装入坑

注意事项：

1）将大树运至目的地后，做好定植入坑的准备。最好倒车入现场，以便吊装操作。

2）扶正下车。在塔式起重机、运输车都已经到位后，则可以缓慢将车上大树吊立于车箱之中。然后，在缓慢挪动吊带（绳）位置后试着吊至车下或坑旁，如图 10-9 所示。

3）去除包裹物。在大树入坑的同时需去除所有包裹物，以便生根，如图 10-10 所示。

图 10-9　扶正下车　　　　　　　　　　　图 10-10　去除包裹物

4）大树入坑后，塔式起重机绝对不能松绑，预防其倒伏。

（6）覆土

当大树进坑后，即刻逐层覆土。采取种植土+黄沙分层交替填埋的方式，逐层夯实，全面回填，如图 10-11 所示。

注意事项：

1）先回填种植土，再回填黄沙。分层交替回填。采用棍棒等进行夯实，必要时也可以人足踩踏夯实。

2）覆土量控制在略低于周边即可。树周筑成大约深度 20cm 的一圈水槽。

（7）浇灌定根水

注意事项：

1）大树入坑定植后需全面浇灌定根水，如图 10-12 所示，让水分逐渐渗透至根系，并使其紧密结合。

图 10-11　覆土　　　　　　　　　图 10-12　浇灌定根水

2）为了保证成活率，可以考虑在定根水中加入一定量的根腐灵+根动力②号，灌根使用。连续浇灌 3~4 次，每次间隔 7~10 天。

（8）植株固定

为了防止风吹倒伏，当大树栽植好后必须增加支柱或拉绳等加以固定保护。

注意事项：

1）主干支撑法。对大树主干部分进行支撑。如一根支柱法、牌坊柱法、三根支柱法等，如图 10-13 和图 10-14 所示。

2）树冠支撑法。对大树树冠进行拉绳、支架等支撑。如图 10-15 所示为竹绳牵拉固定，图 10-16 所示为麻绳牵拉固定。

2. 花灌木栽植

（1）挖坑

1）沿着植配图案设计线形进行挖坑，如图 10-17 所示。

2）坑径大小取决于花灌木规格大小。小灌木，挖小坑；大灌木，挖大坑。

3）坑形为圆形。

（2）定植

1）先栽图案边缘，再栽图案中央。

2）图案边缘宜选择大小尺寸相近、规格均匀的植物。图案中央则可略低些。

图 10-13　牌坊柱法

图 10-14　三根支柱法

图 10-15　竹绳牵拉固定

图 10-16　麻绳牵拉固定

图 10-17　挖坑

（3）成形修剪　当花灌木栽植完成后，即开始进行成形修剪工序。修剪类型：控高剪、控宽剪、造型剪。

1）使用台刈剪时，需注意顶部剪口向下，侧面剪口向上，如图 10-18 所示。

2）需在已确定的边口设计宽度框线范围内进行侧面剪，如图 10-19 所示。

图 10-18　使用台刈剪

图 10-19　侧面剪

3）侧面台刈要轻剪，顶部台刈要重剪，细部还需手剪进行造型修理。

4）在水平色块整形剪时，根据设计高度用木棍定高后，再由内向外边量边剪。

5）最后再用手剪进行细部修理。

6）造型剪在球形剪时，根据设计高度、直径等，先进行控制性粗剪，先顶部、再圆周，然后再进行细剪或轻剪，如图 10-20 所示。

7）其他造型剪时，尽量采取"修剪与蟠扎"相结合的方式，采用手剪进行细剪。

图 10-20　球形剪

五、实训小结

园林绿化工程所涉及的环境要素、技术经济条件、工作门类和人为因素十分广泛，其施工过程是一个相当复杂的系统工程。要进行园林绿化工程的施工，必须对园林绿地建设的一般程序和主要工作内容有所认识，同时还要了解一定施工阶段与其他施工阶段和整个建设工程的关系。

六、实训评价

序号	考核项目	评价等级				等级分值			
		A	B	C	D	A	B	C	D
1	乔木栽植基本程序：挖坑、地上（下）部疏枝修剪、土球修整及包土团、吊装入坑、覆土、浇灌定根水、植株固定	优秀	良好	一般	较差	60	50	40	30
2	花灌木栽植基本程序：挖坑、定植、成形修剪	优秀	良好	一般	较差	40	30	20	10
考核成绩（总分）									

任务4　植物养护

一、实训目的

造园中有句行话叫作"三分栽植，七分养。"园林绿地中的植物景观呈现需要强大的后期植物养护。通过此项实训，使学生基本掌握名木古树养护技术、一般乔木养护技术、花灌木养护技术。

二、实训工具及材料

1. 实训工具

塔式起重机、铁锹、木棍、竹棍、水桶、手枪钻、绳子等。

2. 实训材料

防冻液、防冻薄膜、防冻垫、无纺布垫、草绳、塑料薄膜、草垫、根动力①号、根动力②号、施它活药袋、愈伤涂膜剂、根腐灵等。

三、实训内容及步骤

1. 植物养护实训

为了有效提高植物移植成活率，可采用保暖、缠干保湿、营养灌根、树体补液、覆土适宜、外伤补救、腐根扶壮、修补树洞、复壮沟技术、根基龙骨技术、渗水透气等技术措施。

（1）保暖技术

1）根颈部铺稻草保暖：在秋季大树定植后，为了根系保暖，防止冻伤，通常在根颈部铺上堆肥或稻草等进行护根保护。待次年气候转暖时，则必须去除所有根系保暖物，以免影响土壤透气性和因根系附近土温过高而烧根，如图 10-21 所示。

2）包干保暖：在秋季大树定植后，需包扎防冻垫、无纺布垫、草绳、塑料薄膜、草垫等，进行防冻保护。当莅年气温回升平稳至 5℃ 时，就必须解除这些树干防冻包裹物，以免影响树干透气及发生腐干等不良现象，如图 10-22 所示。

图 10-21　根部保暖

图 10-22　包干保暖

3）灌溉防冻：在冬季入冻之前可深灌一次防冻水，并添加一定量的有机肥和磷钾肥，进行防冻。

4）树干刷白或熏烟技术：树干涂白或熏烟，也是不错的防冻措施之一。

（2）缠干保湿技术

1）对于树皮呈青色、皮孔较多以及常绿树等，应对主干和近主干的一级主枝部分，采用草绳、草席、保湿垫等进行缠绕，以减少水分蒸发，同时也可预防干体日灼和冬天冻伤。

2）所缠物不能过紧和过密，以免影响皮孔呼吸而导致树皮朽烂，次年应以去除，如图 10-23 所示。

（3）营养灌根技术

1）于大树定根水中，直接加入根动力②号，以促使快速生根。

2）灌根水中根动力②号需稀释 300 倍。

（4）树体补液技术

1）吊挂施它活药袋。

图 10-23　缠干保湿技术

① 在大树定植后，为了促使其迅速恢复元气（还阳），需给树体补充生命平衡液（施它活药袋）。

② 根据树冠大小确定钻孔个数，采用无线充电电钻进行树体钻孔，一般孔深为 3 ~ 4cm；为了输液通畅，应排出管内空气；于钻孔处接上施它活药袋与输液管；用钳子将针头塞入孔内并拧紧；用抹干泥法检查是否漏液。

③ 吊完后，根据树势恢复状况再考虑是否续吊。

2）吊挂树动力药瓶。

主干插树动力药瓶激活细胞活力，可极大地促芽促长，如图 10-24 所示。

（5）外伤补救技术

1）原皮补救。找到原皮伤口，用纸画出伤口大小界线，按样获取皮（见图 10-25），对伤口进行全面消毒处理后进行补救。

图 10-24　吊挂树动力药瓶

2）取皮补救。指切取同科同属植物树皮直接植入损皮处，在对位后，用钉子加以固定。于植皮缝隙中涂抹愈伤涂膜剂，植皮处用塑料绳捆紧、捆好。

3）树皮撕裂伤补救。对树皮撕裂损伤面需进行全面消毒。

4）将原皮及时复位，并钉紧复位皮树皮撕裂伤，再用塑料绳捆紧后涂敷料进行保护，如图 10-26 所示。

图 10-25　取皮

图 10-26　原皮复位

（6）腐根扶壮技术

1）喷剂防腐。用根动力①号或根腐灵对大树伤口直接进行喷洒处理，如图 10-27 所示。

2）清除腐根。当大树体脱水、植株根部积水时，叶片失绿萎蔫，根系腐烂。掏洞检查烂根情况，用手锯锯掉腐烂组织。捡出新生组织，用根动力①号全面喷施。如发现空洞，应及时填土、浇水、捣实。

（7）修补树洞技术

1）传统修补技术。用水泥、砖头补修树洞，此技术修补效果不美观、损伤树体、易破损，如图 10-28 所示。

图 10-27　喷剂防腐

图 10-28　传统修补技术

2）应用高分子材料进行树洞修补。

① 清朽、防腐，如图 10-29 所示。

② 树洞内支撑，如图 10-30 所示。

③ 填充发泡剂，如图 10-31 所示。

图 10-29　清朽、防腐

图 10-30　树洞内支撑

图 10-31　填充发泡剂

④ 做钢丝护网。

⑤ 外植仿真树皮，如图 10-32、图 10-33 所示。

3）补干，不补皮。为了增加植物沧桑感，只补干，不补树皮，如图 10-34 所示。

（8）复壮沟技术　挖复壮沟也可以实现对古树外围根系修剪、刺激古树根系生长的目的如图 10-35 所示。

（9）根基龙骨技术　为了不损害绿地植物以及名木古树生长的土壤环境，可以考虑铺设根基龙骨来保护古树。

2. 花灌木养护技术

（1）防晒　在夏季栽植花灌木时，因气温较高、日照强、蒸发量大，对植树生长极为不利。采用防晒网全面遮盖方式，可以起到有效缓解日晒的作用，如图 10-36 所示。

（2）保暖　冬季当气温低于 0℃ 时，植株细胞内的液体结冰，对植物造成冻害。植物对冰点以下低温的适应性称为抗冻性。花灌木为了安全越冬必须进行保暖。

图 10-32　外植仿真树皮（一）　　　　图 10-33　外植仿真树皮（二）

图 10-34　补干不补皮　　　　　　　　图 10-35　复壮沟

图 10-37 所示为采用加厚型无纺布或帆布全面遮盖。

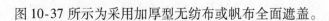

图 10-36　防晒网防晒　　　　　　　　图 10-37　全面遮盖

四、实训作业

做好植物养护实训，并完成实训报告。要求每 4~6 人一组，实训前做好各项准备，制定园林植物养护管理措施。

五、实训总结

园林植物养护管理的原则有三条：

1）在树木的不同年龄阶段要采取不同的养护措施，如幼年期、老年期都是树木柔弱的阶段，养护要精细。就施肥来说，幼年期、成年期明显不同。整形修剪也是如此。

2）在不同季节要采取不同养护措施，春夏多雨，夏季高温、冬季寒冷，在除草、排灌、施肥、治病虫各方面都要根据季节而定。

3）不同种类的树木要采取不同的养护措施，以树木的生态习性作为各种养护措施的依据。

为了使所栽的各种园林植物不仅能成活，而且能长得更好、更美，就必须根据这些植物的生物学特性，了解其生长发育规律，并结合当地的具体生态条件，制定一套符合实情的科学养护措施，这样方能获得锦上添花的效果。相反，只栽不管，各种植物半死不活，处于病态、枯蔫状态，不仅起不到应有的绿化效果，还大煞风景，比不栽还难看。

六、实训评价

序号	考核项目	评价等级				等级分值			
		A	B	C	D	A	B	C	D
1	乔木养护技术：保暖、缠干保湿、营养灌根、树体补液、覆土适宜、外伤补救、腐根扶壮、修补树洞、复壮沟技术、根基龙骨技术、渗水透气等	优秀	良好	一般	较差	60	50	40	30
2	花灌木养护技术：防晒、保暖等	优秀	良好	一般	较差	50	30	20	10
考核成绩（总分）									

项目 11

园林工程验收

任务 1　分部工程验收

一、实训目的

通过此项综合实训，使学生掌握园林分部工程验收的内容、程序和方法，熟悉分部分项工程验收规范和标准。

二、实训工具及材料

1. 实训工具

纸、笔、测量仪器、皮尺、钢卷尺等。

2. 实训材料

分部分项工程质量验收记录表。

三、实训内容及方法步骤

1. 实训内容

1）分部工程验收前的准备。

2）分部工程验收程序。

3）分部工程验收方法。

2. 实训步骤

（1）分部工程验收前的准备

① 向监理部门呈送报验申请或工序质量报验单（表 11-1、表 11-3、表 11-5、表 11-7）。

② 准备好分部工程报验记录表（表 11-2、表 11-4、表 11-6、表 11-8 ~ 表 11-12）。

（2）分部工程验收程序

① 分部（子分部）工程验收应在各检验批和所有分项工程验收完成后进行；应在施工单位项目专业技术负责人签字后，向监理单位或建设单位进行报验。

② 总监理工程师（建设单位项目负责人）应组织施工单位项目负责人和项目技术、质量负责人及有关人员进行验收。

③ 勘察、设计单位项目负责人，应参加园林建、构筑物的地基基础、主体结构工程分部（子分部）工程验收。

（3）分部工程验收内容

① 所含分项工程质量均应合格。

② 质量控制资料应完整。

③ 有关的检验和抽样检测结果应符合有关规定。

④ 观感质量应符合要求。

（4）验收　直观检查、实测检查等。

表 11-1　施工测量报验单

工程名称：<u>××××绿化工程</u>　　　　　　　　　　　　　　编号：A3.7—<u>01</u>

<table>
<tr><td colspan="4">致：<u>××××园林建设监理有限公司</u>（监理单位）

本项目经理部已完成青阳港大桥至青阳路人行道的测量工作，测量成果符合设计和规范要求，现呈报相应资料。本次报验内容系第 1 次报验。

 承包单位项目经理部（章）：_____
项目经理：_____日期：_____ </td></tr>
<tr><td>项目监理机构签
收人姓名及时间</td><td></td><td>承包单位签收
人姓名及时间</td><td></td></tr>
<tr><td colspan="4">监理核验结果及结论：
　1. 收到施工相应测量资料共_____页，收到时间：_____。
　2.

 项目监理机构（章）：_____
专业监理工程师：_____日期：_____ </td></tr>
<tr><td colspan="4">注：承包单位项目经理部应提前 24 小时提出本报验单，并给予配合。</td></tr>
</table>

表 11-2　工程定位测量、放线验收记录表　TJ2.2

建设单位	××××经济技术开发区资产经营有限公司	设计单位	××××景观设计有限公司
工程名称	××××绿化工程	图纸依据	写图纸编号
引进水准点位置		水准高程		单位工程 ±0.00	

图纸附后面

施工单位	放线人：　　　复核人： 技术负责人：　　年 月 日	单位监理（建设）	监理工程师： （建设单位项目负责人）： 　　　　　　　　　　年 月 日
设计单位	项目负责人：　　　　　　　　　　　　　　　　年 月 日		

表 11-3 工序质量报验单（通用）

工程名称：××××绿化工程　　　　　　　　　　　　　　　　　　编号：A3.5 1 — 01

致：××××园林建设监理有限公司（监理单位）
兹报验：

青阳港大桥至青阳路人行道 SB 砖铺装

验收时间：_____

本次报验内容系第__1__次报验，本项目经理部已完成自检工作且资料完整，并呈报相应资料。

承包单位项目经理部（章）：_____

项目经理：_____日期：_____

项目监理机构签 收人姓名及时间		承包单位签收 人姓名及时间	

监理抽查数据及情况记录：

  1. 收到施工相应自评/检查资料和验收记录表共____页，收到时间：____

  2.

检查人：_____日期：_____

监理审查意见：

  □ 可进行后续施工。

  □ 核验未通过，不得进入下道工序施工，整改后再报。

项目监理机构（章）：_____

专业监理工程师：_____日期：_____

注：1. 未经项目监理机构验收通过，承包单位不得进入下道工序施工。

    2. 承包单位项目经理部应提前提出本报验单，并给予配合。

表 11-4　砖面层分项工程检验批质量验收记录表　TJ4.3.8

工程名称	×××绿化工程	检验批部位	青阳港大桥至青阳路人行道	施工执行标准名称及编号	GB50209-2002
施工单位	×××园林花卉责任有限公司	项目经理	×××	专业工长	×××
分包单位		分包项目经理		施工班组长	

序号		GB 50209—2002 的规定					施工单位检查评定记录										监理（建设）单位验收记录
主控项目	1	面层所用的板块的品种、质量必须符合设计要求。					符合要求										
	2	面层与下一层的结合（黏结）应牢固，无空鼓。					符合要求										
一般项目	1	砖面层的表面应洁净、图案清晰，色泽一致，接缝平整，深浅一致，周边顺直。板块无裂纹、掉角和缺楞等缺陷。					符合要求										
	2	面层邻接处的镶边用料及尺寸应符合设计要求，边角整齐、光滑。					符合要求										
	3	踢脚线表面应洁净、高度一致、结合牢固、出墙厚度一致。					符合要求										
	4	楼梯踏步和台阶板块的缝隙宽度应一致、齿角整齐；楼层梯段相邻踏步高度差不应大于10mm；防滑条顺直。					符合要求										
	5	面层表面的坡度应符合设计要求，不倒泛水、无积水；与地漏、管道结合处应严密牢固，无渗漏。					符合要求										
	6	项次	项目	允许偏差/mm													
				陶瓷	缸砖	水泥花砖											
		1	表面平整度	2.0	4.0	3.0	1	2	2	2	3	3	3	1	3	2	3
		2	缝格平直	3.0	3.0	3.0	3	3	3	3	2	2	1	1	2	3	
		3	接缝高低差	0.5	1.5	0.5											
		4	踢脚线上口平直	3.0	4.0	—											
		5	板块间隙宽度	2.0	2.0	2.0	2	1	2	2	2	2	2	2	2	1	

施工单位检查评定结果	项目专业质量检查员：　　　　　　　　　　　　　　　　　　　年　月　日
监理（建设）单位验收结论	监理工程师（建设单位项目专业技术负责人）：　　　　　　　　　年　月　日

表 11-5　工序质量报验单（通用）

工程名称：××××绿化工程　　　　　　　　　　　　　　　　编号：A3.5 1—_____

致：××××园林建设监理有限公司（监理单位）
兹报验： 　　　　青阳港大桥至青阳路人行道侧石安砌 验收时间：_____ 本次报验内容系第___1___次报验，本项目经理部已完成自检工作且资料完整，并呈报相应资料。   　　　　　　　　　　　　　　　　　　　　　　　承包单位项目经理部（章）：_____ 　　　　　　　　　　　　　　　　　　　　　　　　　项目经理：_____日期：_____

项目监理机构签收 人姓名及时间		承包单位签收 人姓名及时间	
监理抽查数据及情况记录： 　　1. 收到施工相应自评/检查资料和验收记录表共____页，收到时间：____ 　　2. 　　　　　　　　　　　　　　　　　　　　　　　检查人：_____日期：_____			
监理审查意见： 　　□　可进行后续施工。 　　□　核验未通过，不得进入下道工序施工，整改后再报。 　　　　　　　　　　　　　　　　　　　项目监理机构（章）：_____ 　　　　　　　　　　　　　　　　　　　专业监理工程师：_____日期：_____			

注：1. 未经项目监理机构验收通过，承包单位不得进入下道工序施工。
　　2. 承包单位项目经理部应提前提出本报验单，并给予配合。

表 11-6　料石面层、塑料板面层分项工程检验批质量验收记录表　TJ4.3.11

工程名称	××××绿化工程		检验批部位	青阳港大桥至青阳路人行道		施工执行标准名称及编号	GB 50209—2002
施工单位	××××园林花卉责任有限公司		项目经理	×××		专业工长	×××
分包单位			分包项目经理			施工班组长	
序号		GB50209-2002 的规定				施工单位检查评定记录	监理验收记录
主控项目	料石面层	1	面层材质应符合设计要求；条石的强度等级应大于 MU60，块石的强度等级应大于 MU30。			符合要求	
		2	面层与下一层应结合牢固、无松动。			符合要求	
	塑料板面层	1	塑料板面层所用的塑料板块和卷材的品种、规格、颜色、等级应符合设计要求和现行国家标准的规定。			符合要求	
		2	面层与下一层的黏结应牢固，不翘边、不脱胶、无溢胶。				
一般项目	料石面层	1	条石面层应组砌合理，无十字缝，铺砌方向和坡度应符合设计要求；块石面层石料缝隙应相互错开，通缝不超过两块石料。			符合要求	
	塑料板面层	1	塑料板面层应表面洁净，图案清晰，色泽一致，接缝严密、美观。拼缝处的图案、花纹吻合，无胶痕；与墙边交接严密，阴阳角收边方正。			符合要求	
		2	板块的焊接，焊缝应平整、光洁，无焦化变色、斑点、焊瘤和起鳞等缺陷，其凹凸允许偏差为 ±0.6mm。焊缝的抗拉强度不得小于塑料板强度的 75%。				
		3	镶边用料应尺寸准确、边角整齐、拼缝严密、接缝顺直。				

		允许偏差	项次	项目	允许偏差/mm							
					条石	块石	塑料板					
			1	表面平整度	10.0	10.0	2.0					
			2	缝格平直	8.0	8.0	3.0					
			3	接缝高低差	2.0	/	0.5					
			4	踢脚线上口平直	/	/	2.0					
			5	板块间隙宽度	5.0	/	/					

施工单位检查评定结果	项目技术质量检验员：　　　　　　　　　　　　　　　　年　月　日
监理（建设）单位验收结论	监理工程师（建设单位项目专业技术负责人）：　　　　　　年　月　日

表 11-7　园林建筑及小品分部工程报验申请表

工程名称：××××新区森林公园景观工程

致：　　××××监理公司　　　（监理单位）

　　我单位已完成了 园林建筑及小品分部的施工 工作，现报上该工程报验申请表，请予以审查和验收。

附件：1. 园林建筑及小品分部（子分部）工程验收记录。

　　　2. 园林建筑及小品分部（子分部）工程安全和功能检验资料核查及主要功能抽查记录。

　　　3. 园林建筑及小品分部（子分部）工程质量控制资料核查记录。

　　　4. 园林建筑小品分部（子分部）工程观感质量评定表。

　　　　　　　　　　　　　　　　承包单位（章）　　　　　　　　

　　　　　　　　　　　　　　　　项目经理　　×　×　×　　

　　　　　　　　　　　　　　　　日　期　　20××. 7. 10

表11-8　<u>园林建筑及小品</u>　分部（子分部）工程验收记录表

工程名称	××××新区森林公园景观工程	结构类型		层数	
施工单位	××园林有限责任公司	技术部门负责人	×××	质量部门负责人	×××
分包单位		分包单位负责人		分包技术负责人	
序号	分项工程名称	检验批数	施工单位检查评定		验收意见
1	土方开挖分项工程	38	符合规范要求		
2	砂石垫层分项工程	33	符合规范要求		
3	混凝土垫层分项工程	69	符合规范要求		
4	板块面层分项工程	40	符合规范要求		
5	砖砌体分项工程	34	符合规范要求		
6	一般抹灰分项工程	16	符合规范要求		
7	钢筋分项工程	28	符合规范要求		
质量控制资料		基本齐全			
安全和功能检验（检测）报告					
观感质量验收		中			
验收单位	分包单位	项目经理			年　月　日
	施工单位	项目经理			年　月　日
	勘察单位	项目负责人			年　月　日
	设计单位	项目负责人			年　月　日
	监理（建设）单位	总监理工程师（建设单位项目专业负责人）			年　月　日

表 11-9　园林建筑及小品　分部（子分部）工程验收记录表

工程名称	××××新区森林公园 景观工程	结构类型		层数	
施工单位	××园林有限责任公司	技术部门 负责人	×××	质量部门 负责人	×××
分包单位		分包单位 负责人		分包技术 负责人	
序号	分项工程名称	检验批数	施工单位检查评定		验收意见
8	混凝土分项工程	34	符合规范要求		
9	防水屋面分项工程	3	符合规范要求		
10	门窗安装分项工程	2	符合规范要求		
11	饰面板安装分项工程	3	符合规范要求		
12	涂料涂饰分项工程	1	符合规范要求		
13	木结构分项工程	2	符合规范要求		
14	整体面层分项工程	2	符合规范要求		
质量控制资料		基本齐全			
安全和功能检验（检测）报告					
观感质量验收		中			
验收单位	分包单位	项目经理			年　月　日
	施工单位	项目经理			年　月　日
	勘察单位	项目负责人			年　月　日
	设计单位	项目负责人			年　月　日
	监理（建设）单位	总监理工程师 （建设单位项目专业负责人）			年　月　日

表 11-10　园林建筑小品分部（子分部）工程观感质量评定表

工程名称	××××新区森林公园景观工程		施工单位		××园林有限责任公司			
序号	项　目	抽查质量状况						质量评价
								好	一般	差
1	室外墙面	√√√√√√√√√√						√		
2	外墙面横竖线角	√√○√√√○√√√							√	
3	散水、台阶、明沟	√○√√√√√○√√							√	
4	滴水槽（线）									
5	变形缝、水落管	√√√√√√√√√√						√		
6	屋面坡向	√√√√√√√√√√						√		
7	屋面细部	√√√√√√√√√√						√		
8	屋面防水层	√√√√√√√√√√						√		
9	瓦屋面铺设									
10	室内顶棚									
11	室内墙面									
12	地面楼面	√√√○√√√○√√							√	
13	楼梯、踏步	√√√√√√√√√√						√		
14	厕浴、阳光、泛水									
15	钢铝结构									
16	花架结点	√√√√○√√√√							√	
17	室外梁、柱	√○√√√○√√√√							√	

检查结果	合格 施工单位项目负责人（项目经理）： 年　月　日	验收结论	监理单位总监理工程师： 年　月　日

表 11-11 园林建筑及小品分部（子分部）工程安全和功能检验资料核查及主要功能抽查记录表

工程名称		××××新区森林公园 景观工程		施工单位	××园林有限责任公司	
序号	项目	安全和功能检查项目	份数	核查意见	抽查结果	核查 （抽查人）
1	园林建筑与结构	假山叠石搭接情况记录				
2		屋面淋水记录				
3		地下室防水效果检查记录				
4		有防水要求的地面蓄水试验记录				
5		建筑物垂直度、标高、全高测量记录				
6		建筑物沉降观测测量记录				
7						
1	给水排水	给水管道通水试验记录				
2		卫生器具满试验记录				
3		排水管道通球试验记录				
4						
1	电气	照明全负荷试验记录				
2		大型灯具牢固性试验记录				
3		避雷接地电阻测试记录				
4		线路、插座、开关、接地检验记录				
5						

结论：

施工单位项目经理：　　　　年　月　日

总监工程师：
（建设单位项目负责人）　　年　月　日

表 11-12　园林建筑及小品分部（子分部）工程质量控制资料核查记录表

工程名称		×××新区森林公园景观工程	施工单位		××园林有限责任公司
序号	项目	资料名称	份数	核查意见	核查人
1	绿化工程	图纸会审、设计变更、洽商记录			
2		工程定位测量、放线记录			
3		栽植土检测报告			
4		肥料合格证			
5		苗木出圃单、植物检疫证			
6		检验批、分项、设计变更、洽商记录			
1	园林建筑及结构工程	图纸会审、设计变更、洽商记录			
2		工程定位测量、放线记录			
3		原材料出厂合格证及进场检验报告			
4		施工试验报告及见证检验报告			
5		石料产地证明（包括假山叠石）			
6		施工记录、隐蔽工程验收记录			
7		预制构件、预拌合格证			
8		地基基础、主体结构检验及抽检资料			
9		检验批、分项、分部工程质量验收记录			
1	给水排水工程	材料、构配件出厂合格证及进试验报告			
2		盛水、泼水、通水、通球试验记录			
3		管道设备强度试验、严密性试验			
4		隐蔽工程验收记录			
5		施工记录			
6		检验批、分项、分部工程质量验收记录			
1	电气工程	材料、设备出厂合格证及进场检验报告			
2		接地、绝缘电阻测试记录			
3		隐蔽工程验收记录，施工记录，检验批、分顶、分部工程质量验收记录			

结论：

总　监：
（建设单位项目负责人）

施工单位：

项目经理：　　　　　　　　　　　　年 月 日　　　　　　　　　　　　　　　　　年 月 日

四、实训要点

1）熟悉工程质量验收规范。

2）检查、验收要细致。

五、实训作业

对校园铺装广场进行感观质量评定并做分部工程验收资料，完成相关记录表的填写。

六、实训小结

本实训主要包含分部工程验收的内容，要求学生掌握工程质量验收规范，了解分部工程验收的程序，掌握验收的方法。

七、实训评价

序号	考核项目	评价等级				等级分值			
		A	B	C	D	A	B	C	D
1	实训准备充分、有序	优秀	良好	一般	较差	10	8	6	4
2	实训操作的规范性	优秀	良好	一般	较差	70	60	50	40
3	验收记录清晰	优秀	良好	一般	较差	10	8	6	4
4	实训态度积极性	优秀	良好	一般	较差	10	8	6	4
5	考核成绩（总分）								

任务 2　工程竣工验收

一、实训目的

通过此项实训，使学生掌握园林工程竣工验收的方法及竣工验收报告的编写。

二、实训工具及材料

1. 实训工具

笔、测量仪器、皮尺、钢卷尺等。

2. 实训材料

竣工验收记录表。

三、实训内容及步骤

1. 实训内容

1）园林工程竣工验收前的准备。

2）园林工程竣工验收程序。

3）园林工程竣工验收方法。

2. 实训步骤

（1）园林工程竣工验收前的准备

1）工程档案资料的汇总整理。

《建设工程文件归档规范》（GB/T 50328—2014）中规定："在组织工程竣工验收前，应提请当地的城建档案管理机构对工程档案进行预验收；未取得工程档案验收认可文件，不得组织工程竣工验收"。

工程档案资料主要包括：

① 上级主管部门对该工程的有关技术决定文件。

② 竣工工程项目一览表（包括工程名称、位置、面积、特点等）。

③ 地质勘查资料。

④ 竣工图、工程设计变更记录、施工变更洽商记录、设计图纸会审记录等。

⑤ 永久性水准点位置坐标记录、建筑物（构筑物）沉降观察记录。

⑥ 新工艺、新材料、新设备的试验、验收和鉴定记录等。

⑦ 工程质量事故发生情况和处理记录。

⑧ 建筑物（构物）设备使用注意事项文件。

⑨ 竣工验收申请报告、工程竣工验收证明书、工程养护与保修证书等。

2）施工单位工程竣工后的自验。

3）编制竣工图。

4）进行工程设施与设备的试运转和试验的准备工作：包括各种设施、设备的运转和考核计划；各种游乐设施尤其是关系到人身安全的设施，如缆车等的安全运行应是试运行和试验的重点。编制各运转系统的操作规程；对各种设备、电气、仪表和设施做全面的检查和校验；进行电气工程的全负荷试验，管网工程的试水、试压试验；喷泉工程试水等。

（2）园林工程竣工验收程序

1）工程完工后，向监理单位递交竣工报告、竣工图纸等竣工验收资料。

2）监理单位审查竣工资料，审查合格后提交园林局城建处审查。

3）城建处审查资料合格后，施工单位联系建设单位进行验收。

4）建设单位确定竣工验收日期，并向质监站提交竣工验收申请。

5）初验。建设单位组织施工方、监理方、设计院、质监站进行现场验收，包括现场工程质量、工程资料和竣工图纸等，对存在的问题提出整改意见。

6）终验。施工单位整改后提报验收申请，建设单位再次组织进行最终验收。绿化工程一年后进行移交复验。

（3）园林工程竣工验收内容

1）建筑工程验收主要是运用有关资料进行审查验收，主要包括：检查建筑物的位置、尺寸、标高、轴线、外观是否符合设计要求；对基础及地上部分结构的验收，主要查看施工日志和隐蔽工程记录；对装饰装修工程的验收。

2）安装工程验收主要指设备安装工程验收，主要包括园林中建筑很高的上下管道、煤气、通风、电气照明等安装工程的验收。应检查这些设备的规格、型号、数量、质量是否符合设计要求，检查安装时的材料、材质、材种，检查试压、闭水试验、照明。

3）园林工程竣工验收主要检查内容：道路、铺装的位置、形式、标高的验收；对建筑小品的造型、体量、结构、颜色的验收；检查场地平整是否满足设计要求；检查植物的栽培，包括种类、大小、花色是否满足设计要求。

（4）园林工程验收方法

1）园林建设工程直观检查、检测检查、操作检查。

2）绿化工程对照竣工图分区分段点数检查乔木、灌木、球类植物，测量地被的面积，抽查测量乔木胸径、抽查地被植物的密度。

（5）填写竣工验收记录表（表 11-13）

（6）填写绿化工程竣工验收备案表（表 11-14）

表 11-13 单位（子单位）工程质量竣工验收记录表

编号：

工程名称			类型		
施工单位		技术负责人		开工日期	
项目经理		项目技术负责人		竣工日期	

序号	项目	验收记录	验 收 结 论
1	分部工程	共 分部，经查 分部符合标准及设计要求	
2	质量控制资料核查	共 项，经审查 项符合规范要求	
3	安全和主要使用功能及抽查结果	共核查 项，符合要求 项，经返工处理符合要求 项	
4	观感质量验收	共抽查 项，符合要求 项，不符合要求 项	
5	综合验收结论		

参加验收单位	建设单位（公章）单位（项目）负责人：年 月 日	监理单位（公章）单位负责人：年 月 日	施工单位（公章）单位负责人：年 月 日	设计单位（公章）单位（项目）负责人：年 月 日

表 11-14　绿化工程竣工验收备案表

工程名称		工程地点	
施工单位		施工资质等级	
开工日期		竣工日期	
规划用地面积		规划绿地面积	
实施绿地面积		绿地率	
施工与设计 匹配程度			
附属设施 评定意见			
全部工程质量 评定意见			
发现问题			
整改意见			

设计单位	施工单位	建设单位	监理（监督）单位	绿化主管部门
负责人签字	负责人签字	负责人签字	负责人签字	负责人签字
（公章） 年　月　日	（公章） 年　月　日	（公章） 年　月　日	（公章） 年　月　日	（公章） 年　月　日

四、实训要点

1）掌握工程竣工验收规范。

2）抽查乔木胸径、地被密度。

五、实训作业

1）指定校园中一块适宜的绿地，将学生按组划分为建设单位、施工单位、监理单位三方。

2）按照竣工验收程序，模拟竣工验收的步骤。

3）填写相关验收记录表，形成验收资料并写竣工验收总结。

六、实训小结

本实训主要包含工程竣工验收的内容、方法和步骤，要求学生掌握工程质量验收规范，了解工程竣工验收的程序，掌握验收的方法。

了解分部工程验收的程序，掌握验收的方法。

七、实训评价

序号	考核项目	评价等级				等级分值			
		A	B	C	D	A	B	C	D
1	实训准备充分、有序	优秀	良好	一般	较差	10	8	6	4
2	实训操作的规范性	优秀	良好	一般	较差	70	60	50	40
3	验收记录清晰	优秀	良好	一般	较差	10	8	6	4
4	实训态度积极性	优秀	良好	一般	较差	10	8	6	4
5	考核成绩（总分）								

项目 12

园林工程结算移交

任务 1　园林工程竣工结算

一、实训目的

通过此项实训，使学生掌握竣工结算的方式，掌握园林工程竣工结算书的编制方法与步骤。

二、实训工具及材料

1. 实训工具

计算器。

2. 实训材料

笔、稿纸、定额书、工程量清单、签证单等。

三、实训内容及步骤

1. 实训内容（表 12-1）

表 12-1　分部分项工程量清单与计价表（绿化）

项目名称：××绿地·悦公馆售楼处景观绿化工程

序号	项目名称	项目特征	工作内容	计量单位	工程量	综合单价/元	总价/元	备注
一	乔木							
1	香樟 A	$\Phi = 25 \sim 26$，$P > 650$，$H > 900$，3 级分支，主分枝 $3 \sim 4$，分支点 > 2.5m	1. 打洞、栽植（落洞、扶正、回土、捣实、筑水围）、浇水、复土保墒、整形、清理 2. 支撑制作、安装、绑扎等 3. 草绳搬运、绕杆、余料清理	株	15	9500.00	142500.00	核价单
2	香樟 B	$\Phi = 17 \sim 18$，$P = 450$，$H = 700 \sim 800$，3 级分支，主分支 $3 \sim 4$，分支点 > 2.5m	1. 打洞、栽植（落洞、扶正、回土、捣实、筑水围）、浇水、复土保墒、整形、清理 2. 支撑制作、安装、绑扎等 3. 草绳搬运、绕杆、余料清理	株	12	1455.70	17468.40	

（续）

序号	项目名称	项目特征	工作内容	计量单位	工程量	综合单价/元	总价/元	备注
一	乔木							
3	丛生香泡 A	$\Phi = 30 \sim 35$ 多杆，$P = 500 \sim 550$，$H > 700$	1. 打洞、栽植（落洞、扶正、回土、捣实、筑水围）、浇水、复土保墒、整形、清理 2. 支撑制作、安装、绑扎等 3. 草绳搬运、绕杆、余料清理	株	7	9060.00	63420.00	核价单
4	丛生香泡 B	$\Phi = 22 \sim 25$ 多杆，$P = 400 \sim 450$，$H > 600$	1. 打洞、栽植（落洞、扶正、回土、捣实、筑水围）、浇水、复土保墒、整形、清理 2. 支撑制作、安装、绑扎等 3. 草绳搬运、绕杆、余料清理	株	1	9863.70	9863.70	核价单
5	香泡 B	$\Phi = 14 \sim 15$，$P = 300 \sim 350$，$H = 500 \sim 550$，3 级分支，主分支 $3 \sim 4$，分支点 $<1.8m$	1. 打洞、栽植（落洞、扶正、回土、捣实、筑水围）、浇水、复土保墒、整形、清理 2. 支撑制作、安装、绑扎等 3. 草绳搬运、绕杆、余料清理	株	0	2418.92	0.00	
6	四季桂整型柱	丛生，整型，$P = 200$，$H = 350$	1. 打洞、栽植（落洞、扶正、回土、捣实、筑水围）、浇水、复土保墒、整形、清理 2. 支撑制作、安装、绑扎等 3. 草绳搬运、绕杆、余料清理	株	8	3450.00	27600.00	核价单
7	铅笔桧	$P = 120$，$H = 250$，不脱脚	1. 打洞、栽植（落洞、扶正、回土、捣实、筑水围）、浇水、复土保墒、整形、清理 2. 支撑制作、安装、绑扎等 3. 草绳搬运、绕杆、余料清理	株	5	1269.00	6345.00	核价单
8	石楠柱	$P = 120$，$H = 300$	1. 打洞、栽植（落洞、扶正、回土、捣实、筑水围）、浇水、复土保墒、整形、清理 2. 支撑制作、安装、绑扎等 3. 草绳搬运、绕杆、余料清理	株	4	1004.15	4016.60	核价单
9	杜英	$D14 \sim 15$，$P = 300 \sim 350$，$H = 500 \sim 600$，三级分支，分支 $3 \sim 4$，主分支点 $<1.5m$	1. 打洞、栽植（落洞、扶正、回土、捣实、筑水围）、浇水、复土保墒、整形、清理 2. 支撑制作、安装、绑扎等 3. 草绳搬运、绕杆、余料清理	株	7	1663.52	11644.65	核价单
10	丛生朴树	多杆，五杆以上，每杆 >12，$P = 650$，$H > 1000$	1. 打洞、栽植（落洞、扶正、回土、捣实、筑水围）、浇水、复土保墒、整形、清理 2. 支撑制作、安装、绑扎等 3. 草绳搬运、绕杆、余料清理	株	9	30097.61	270878.49	

2. 实训步骤——竣工结算程序

1）对确定作为结算对象的工程项目内容作全面认真的清点，备齐结算依据和资料。

2）以单位工程为基础，对施工图预算、报价的内容，包括项目、工程量、单价及计算方面进行检查核对。为了尽可能做到竣工结算不漏项，可在工程即将竣工时，召开单位内部有施工、技术、材料、生产计划、财务和预算人员参加的办理竣工结算的预备会议，必要时也可邀请发包人、监理单位等参加会议，做好核对工作。

3）对发包人要求扩大的施工范围和由于设计修改、工程变更、现场签证引起的增减预算进行检查，核对无误后，分别归入相应的单位工程结算书。

4）将各个专业的单位工程结算书分别以单项工程为单位进行汇总，并提出单项工程综合结算书。

5）将各个单项工程汇总成整个建设项目的竣工结算书。

① 编写竣工结算编制说明，内容主要为结算书的工程范围、结算内容、存在的问题以及其他必须加以说明的事宜。

② 打印、复印竣工结算书，经相关部门批准后，送发包人审查签认。

四、实训要点

1）工程量、单价及计算方面进行检查核对。

2）竣工结算的方式。

① 招标或议标后的合同价加签证方式。

② 概（预）算加签证方式。

③ 预算加包干方式。

④ 平方米造价包干的结算方式。

五、实训作业

以 5~6 人为小组，根据老师提供的资料编制工程结算书。

六、实训小结

本实训主要是根据案例来检查核对项目的工程量、单价及计算过程，要求学生了解竣工结算的程序和方式，掌握竣工结算的方法与步骤。

七、实训评价

序号	考核项目	评价等级				等级分值			
		A	B	C	D	A	B	C	D
1	实训准备充分、有序	优秀	良好	一般	较差	10	8	6	4
2	实训操作的规范性	优秀	良好	一般	较差	70	60	50	40
3	验收记录清晰	优秀	良好	一般	较差	10	8	6	4
4	实训态度积极性	优秀	良好	一般	较差	10	8	6	4
5	考核成绩（总分）								

任务 2　园林工程移交

一、实训目的

通过此项实训，使学生掌握园林绿化工程移交的条件、程序、方法及注意事项。

二、实训工具及材料

1. 实训工具

纸、笔。

2. 实训材料

《园林绿化及设施移交清单》《园林绿化及设施项目正式移交书》。

三、实训内容及步骤

1. 实训内容

如图 12-1 所示，对某小区的游园绿化工程进行移交。

图 12-1　某小区游园绿化图

2. 实训步骤

（1）检查园林工程移交的条件

1）园林工程竣工后必须经验收合格，方可进行移交。

2）验收合格后达到施工养护期限的工程才具备移交条件。

3）在园林工程养护期限满的前两个月递交移交申请。

（2）园林工程移交程序

1）园林工程移交时，由园林绿化设施管养行政主管部门组织进行交接验收。

2）交接验收分别对移交的资料和设施实物进行核查，建设单位和施工单位必须现场同步配合核查，并共同对核查结果予以确认。

3）核查设施及资料，填写《园林绿化及设施移交清单》，见表 12-2。

4）核查合格后，履行正式接收手续，签订《园林绿化及设施正式移交书》，见表12-3。

表12-2　园林绿化及设施移交清单

序号	位置	绿地面积	草坪	花灌木	乔木	主要植物生长情况
1						
2						
3						
4						
5						
6						
7						
8						
9						
10						
11						
12						
13						

表12-3　园林绿化及设施项目正式移交书

项目名称		项目详细地址		绿地总面积	
开工日期		竣工日期		验收日期	
保修截止时间		建设单位		施工单位	
相关文件					
建设单位移交人员签字					

144

四、实训要点

1) 详细记述植物生长情况。

2) 对植物的数量要进行认真的清点。

五、实训作业

1) 指定校园中一块适宜的绿地，将学生按组划分为建设单位、施工单位、接管单位三方。

2) 按照移交程序，模拟工程移交的步骤。

3) 各组进行身份交换，重复以上操作。

4) 各组进行讨论，归纳总结园林工程移交时三方应注意的问题。

六、实训小结

通过实训，使学生明白园林工程移交中的注意事项，掌握园林绿化工程移交的条件、程序和方法。

七、实训评价

序号	考核项目	评价等级				等级分值			
		A	B	C	D	A	B	C	D
1	实训准备充分、有序	优秀	良好	一般	较差	10	8	6	4
2	实训操作的规范性	优秀	良好	一般	较差	70	60	50	40
3	验收记录清晰	优秀	良好	一般	较差	10	8	6	4
4	实训态度积极性	优秀	良好	一般	较差	10	8	6	4
5	考核成绩（总分）								

相关规范及标准

《中华人民共和国招标投标法》

《中华人民共和国招标投标法实施条例》

《工程建设项目施工招标投标办法》

《园林工程通病质量与防止措施详解》

《园林绿化工程施工及验收规范》（CJJ 82—2012）

《城市园林绿化工程施工及验收规范》（DB11/T-212—2003）

《建筑给水排水及采暖工程质量验收规范》（GB 50242—2002）

《地下防水工程质量验收规范》（GB/T 50208—2002）

《建筑地面工程施工质量验收规范》（GB 50209—2002）

《堤防工程设计规范》（GB 50286—2013）

《水工挡土墙设计规范》（SL 379—2007）

《建筑装饰装修工程质量验收规范》（GB 50201—2001）

《混凝土结构工程施工质量验收规范》（GB 50204—2002）

《钢结构工程施工质量验收规范》（GB 50205—2001）

《建筑钢结构焊接规程》（JGJ 81—91）

《钢管混凝土规程》（DLT 5085—1999）

《建筑机械使用安全技术规程》（JGJ 33—2001）

《施工现场临时用电安全技术规范》（JGJ 46—2005）

《压型金属板设计施工规程》（YBJ 216—88）

《建筑工程工程量清单计价规范》（GB 50500—2008）

参 考 文 献

[1] 邓宝忠，陈科东. 园林工程施工技术 [M]. 北京：科学出版社，2016.

[2] 孟兆桢，等. 园林工程 [M]. 北京：中国林业出版社，1996.

[3] 刘卫斌，等. 园林工程技术专业综合实训指导书——园林工程施工 [M]. 北京：中国林业出版社，2010.

[4] 刘爱辉. 最新园林供电照明工程施工组织设计与施工概预算及施工质量验收标准规范 [M]. 北京：知识出版社，2006.